手把手教你学系列丛书

# 手把手教你学做电路设计
## ——基于立创 EDA

孟瑞生　杨中兴　吴封博　编著

北京航空航天大学出版社

## 内 容 简 介

本书以“立创 EDA”为平台，系统地介绍了电路设计的方法与技巧。全书共分为 11 章。内容包括立创 EDA 介绍、原理图设计基础、PCB 设计基础、原理图库及 PCB 封装库的制作、原理图的绘制、PCB 的绘制、电路板的生产、TP4056 锂电池充电器电路设计、0.96 寸 OLED 电路设计实例、ESP8266 物联网电路板设计实例、在电子竞赛与企业协同中的高级应用。

本书可作为初学者的入门教材，也可以作为电路设计相关工程师和高等院校电子设计相关专业的参考教材。

**图书在版编目(CIP)数据**

手把手教你学做电路设计 ：基于立创 EDA / 孟瑞生，杨中兴，吴封博编著. -- 北京 ：北京航空航天大学出版社，2019.7

ISBN 978-7-5124-3019-8

Ⅰ. ①手… Ⅱ. ①孟… ②杨… ③吴… Ⅲ. ①印刷电路—计算机辅助设计—应用软件—教材 Ⅳ. ①TN410.2

中国版本图书馆 CIP 数据核字(2019)第 120308 号



**手把手教你学做电路设计——基于立创 EDA**

孟瑞生　杨中兴　吴封博　编著

责任编辑　王　实　张冀青

*

北京航空航天大学出版社出版发行

北京市海淀区学院路 37 号(邮编 100191)　http://www.buaapress.com.cn

发行部电话:(010)82317024　传真:(010)82328026

读者信箱:emsbook@buaacm.com.cn　邮购电话:(010)82316936

艺堂印刷（天津）有限公司印装　各地书店经销

*

开本:710×1 000　1/16　印张:9.25　字数:208 千字

2019 年 9 月第 1 版　2024 年10月第13次印刷　印数:15 501～17 500册

ISBN 978-7-5124-3019-8　定价:29.00 元

---

# 前　言

近年来，我国的半导体产业及其相关产业链发展得非常迅速，目前已经成为名副其实的电子产品生产大国、出口大国和消费大国。尽管如此，我们还是清醒地认识到了在一些方面的不足，比如在EDA设计工具方面，国内做得还很薄弱。

“立创EDA”就是在这样的大背景下诞生的，立创EDA的开发团队位于中国深圳，创立于2010年。“立创EDA”完全由中国团队打造而成，拥有绝对的自主知识产权。发展到现在，其很多功能已经处于世界领先水平。我第一次使用它，就被它简洁的操作所吸引，简洁的操作，换来的必定是效率的提高。经过一段时间的使用后，我已经离不开它了。其中有很多功能，深深地吸引着我。

很荣幸，在2015年我与立创EDA的创始人老贺（贺定球）相识，从老贺口中了解到了一些立创EDA工具背后的团队发展史，我感到非常震撼。尤其是在找团队成员这件事情上，老贺对团队成员的技术要求非常高，不仅要求软件技术过硬，而且要求对EDA设计的流程和细节都需要非常熟悉，更重要的是，团队成员必须完全认同立创EDA的愿景和使命。令人欣慰的是，立创EDA发展到现在，已经有了一批强劲的技术团队。尤其是这两年的发展，立创EDA更加的人性化、简洁、高效。

立创EDA的简洁高效，不仅体现在一些宏观的功能上，而且在很多细节方面，也体现得淋漓尽致，仿佛已经变成一种灵魂注入到了各个功能中。如果你想体验一下它的简洁高效，那就开始使用吧。它绝对不会让你在“工具怎么使用”层面花太多时间去研究，而是把你的时间全部留给创造与创新。

能够完成本书的创作，要特别感谢立创EDA团队的大力支持。一个好的作品，背后一定有一个好的团队。就如立创EDA软件本身一样，立创EDA团队的做事风格，也是简洁高效的。近两年，立创EDA团队接受了来自许多忠实用户的意见和建议，并高效地完善了许多特别好的功能。

借此机会，立创EDA创始人老贺代表整个团队，向所有的立创EDA用户表示感谢，有了你们的支持，才有了立创EDA的今天。今后，立创EDA依然会不辱使命，继续向前。

孟瑞生

2019年4月

# 目　录

# 第1章 立创EDA介绍

## 1.1 立创EDA是什么

立创EDA是一款高效的国产云端PCB设计工具，立创EDA的官网为https://lceda.cn。

立创EDA团队位于中国深圳，创立于2010年，现在是立创商城旗下的一个重要部门。软件分为两个版本，其中，国内版本是LCEDA，国外版本是EasyEDA，完全由中国团队独立研发，拥有完全的独立自主知识产权。

官方承诺：立创EDA不仅对中国企业与个人永久免费使用，而且提供专门的企业级用户服务支持。

技术服务专员QQ：800821856。

客服热线：4008302058。

论坛支持：http://club.szlcsc.com/forum/97_0_1.html。

通过以上技术支持渠道，任何问题都能得到快速的响应，为你的学习与开发工作保驾护航。

愿景：成为全球工程师的首选EDA工具。

使命：用简约、高效的国产EDA工具，助力工程师专注创造与创新。

当开始使用立创EDA以后，你会发现，正如上面提到的"使命"一样，它的所有操作都是简洁和高效的。用户不需要花太多的时间去研究软件如何使用，不需要记忆完成一个功能需要执行哪些命令和操作。很多操作都是一键完成，一切都是那么自然。下面就开始使用它，看看它是如何做到简洁与高效的。

首先来了解一下立创EDA的基本特性。

### 1. 它是PCB设计软件

它能够进行PCB的完整设计，包括绘制元器件原理图库和封装库、原理图设计、

PCB 设计、电路仿真、Gerber 文件生成、坐标文件生成等。

### 2. 云　端

立创 EDA 是基于网页开发的。不管是在立创 EDA 客户端设计 PCB，还是在浏览器中设计 PCB，文件都可以保存在立创 EDA 的云端服务器中，可以随时随地使用任何操作系统的计算机进行开发。立创 EDA 采用多重措施，保障项目文件安全，遍布全球服务器确保多重备份，经过复杂算法加密。保存为私有的文件，只有你自己可以打开，如果不放心，还可以把文件保存到本地计算机。

### 3. 高　效

立创 EDA 拥有团队协作功能，支持多人同时开发，具有版本控制功能，可以随时随地用任何操作系统的计算机进行开发，多人共享封装库，这使得我们开发一个电路板变得非常高效。在后面的章节中，你会发现很多细节上的功能，都是非常简洁和高效的。

### 4. 其他特性

除上述基本特性外，还具有以下特性：

- 支持电路仿真　集成了大量的仿真模型，现场调试前的仿真能节约时间与研发经费。
- 支持 PCB 导入　可以导入 Eagle、Altium Designer、Kicad、LTspice 设计文件和库文件。
- 支持协同开发　可以创建团队，团队中的人员共同开发，如果你是团队 Leader，还可以随时查看项目进度。
- 支持版本管理　版本管理，可以让你的文件井井有条，更好地管理每一个版本的文件。
- 众多开源电路　立创 EDA 创建的工程支持设置为私有和公有，在平台上，有很多别人设置为公有的开源电路可以作为参考设计。
- 共建封装库　任何人创建的封装库，都是共用的，所以在平台上，基本上包含了你想用的所有封装库，设计电路板时可以节约很多时间。
- 支持布局传递　布局传递功能，可以使得 PCB 中的元器件布局依照原理图中的布局摆放，大大提高了 PCB 布局的速度。
- 支持交叉选择　在原理图中选择一个元器件，使用交叉选择功能，就可以迅速切换到 PCB 中此元器件的位置并设置为高亮。同样，在 PCB 中也可以使用交叉选择功能迅速切换到原理图中该元器件的位置，使得我们在进行电子设计时，大大提高效率。
- 支持 4～32 多层板设计　在很多项目中，多层板设计能够为你的产品带来更小的体积和更稳定的性能。
- 支持差分对布线　差分对布线，使得你的产品具有更好的抗干扰性能，同时也可

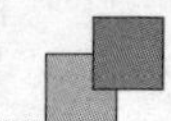

以减小产品对外的电磁干扰。

- 支持 2D 和 3D 预览 PCB　2D 预览，即 PCB 的实物顶视图和实物底视图。3D 预览，不仅可以看到实物顶视图和底视图，还可以 360°旋转观赏逼真的效果。预览时，可以选择板子的工艺是镀银还是沉金效果，还可以选择板子的颜色为绿、蓝、红、黄、黑、紫、铜色，使得效果更逼真。
- 支持泪滴焊盘　泪滴焊盘用来增强焊盘的机械强度，尤其适用于大功率元器件的引脚焊盘，多次更换元器件焊盘也不容易脱落。
- 支持多边形焊盘和槽型孔设计　普通的焊盘只有圆形和矩形，孔的形状也只有圆形孔。但是现实中的元器件难免会有一些非常规的形状，多边形焊盘和槽型孔就是给这些元件准备的。

简而言之，立创 EDA 会为你带来更友好、更高效的电子设计体验。

## 1.2 立创 EDA 的安装

立创 EDA 是基于浏览器设计的。不管是 Windows 还是 Liunx、Mac 系统，只要能用浏览器查看网页，就可以进行 PCB 设计。也就是说，不需要在你的计算机上另外安装软件或者插件就可以开始 PCB 设计。

在使用过程中，立创 EDA 占计算机内存的大小随着电路板的复杂度而变化，复杂度越大，占内存越大，但是，对于一般复杂度的电路板，与普通上网浏览网页所占内存的大小没有多大差别，执行速度也非常顺畅。

同时，也可以使用立创 EDA 客户端进行开发，立创 EDA 客户端需要下载安装，支持 Windows、Linux、Mac 操作系统。使用立创 EDA 客户端与浏览器在线版功能完全一致，拥有更大的画图面积，同时做了大量优化，推荐使用。

立创 EDA 客户端安装时有三种模式，可以根据自己的实际情况选择：

- 在线模式　原理图、PCB、库文件均保存在云端服务器，随时访问立创 EDA 即可使用。支持团队协作、在线分享、海量共享库。
- 半离线模式　原理图、PCB 存在客户端本地；库文件存在服务器。无团队协作、无在线分享功能，但可使用立创 EDA 及时更新的海量库文件。
- 全离线模式　原理图、PCB、库文件均保存在客户端本地。无团队协作、无在线分享功能，立创 EDA 的系统库需要手动进行更新。

## 1.3 立创 EDA 的启动

### 1.3.1 在线版启动方式

在线版，即网页版，只需要在浏览器地址栏中输入 https://lceda.cn，即可打开并使用了。“lceda”，即“立创 EDA”。任何支持 HTML5 的标准 Web 浏览器都可以。请优先使用最新版 Chrome 和 FireFox 浏览器。如果没有登录，则需要先登录再使用。如图 1-1 所示，是使用浏览器打开的立创 EDA 首页，首页的内容可能会随时改动。

图 1-1　立创 EDA 首页

### 1.3.2　客户端启动方式

客户端启动比较简单，安装好软件后，会在桌面自动放置一个立创 EDA 的客户端图标，只需要双击该图标，即可启动。启动后，如果没有登录，则需要先登录再使用。

## 1.4　立创 EDA 的电路板设计流程

立创 EDA 的电路板设计流程，与其他电路设计软件基本一样。通常，一个电路板设计流程是这样的：首先，根据需求和功能，选择一些合适的元器件，在软件中绘制这些元器件的原理图库和封装库；然后，在原理图设计窗口，摆放好电路板所需的所有元器件，连接导线，检查无误后，生成 PCB 文件，在 PCB 文件中，做好电路板的边框，布局好元件的位置，用合适粗细的导线连接好电路板上的所有元器件；最后，导出电路板的 Gerber 文件和坐标文件，用于生产。关于什么是 Gerber 文件，将在后面章节中讲到。

在上面流程中的各个环节，很多时候是可以交叉进行的。比如，在 PCB 设计环节，也可以重新更改原理图，更改原理图后，可以同步更新到 PCB。在任何一个环节，都可以添加原理图库和 PCB 封装库。总之，可以在任何环节高效地使用立创 EDA。

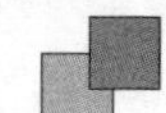

# 1.5 立创 EDA 的编辑器界面

立创 EDA 的编辑器界面大约有 4 种:原理图编辑器界面、PCB 编辑器界面、原理图库编辑器界面、PCB 库编辑器界面。图 1-2 所示是原理图编辑器设计界面;图 1-3 所示是 PCB 编辑器设计界面。各个界面的整体布局都是一样的,比如,最上边是由一些漂亮的图标组成的主菜单栏,最左边是立创 EDA 的导航菜单栏,最右边是立创 EDA 的属性面板,中间是编辑器画布,在画布上还会有悬浮窗口。

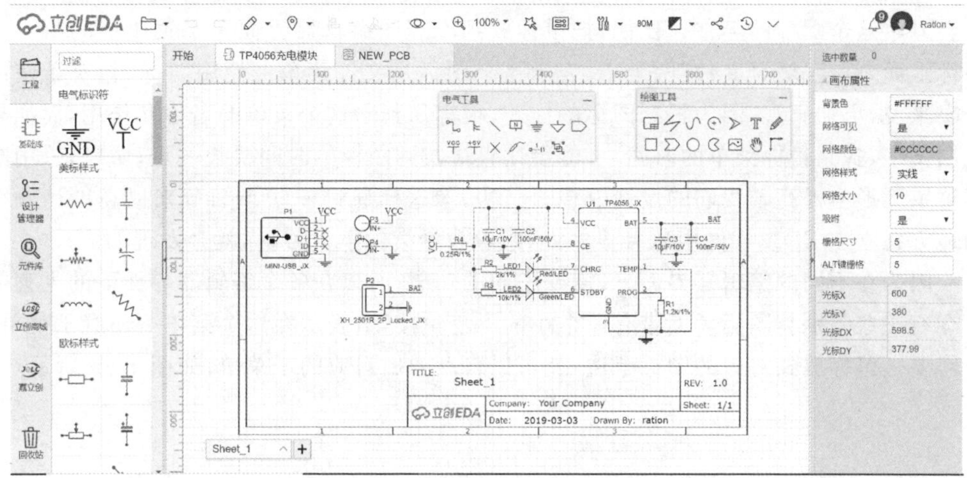


图 1-2　原理图编辑器设计界面

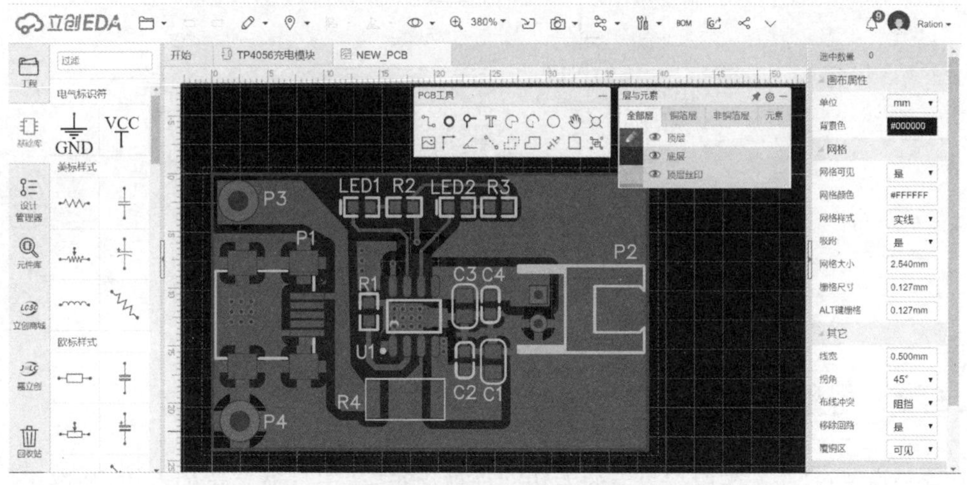


图 1-3　PCB 编辑器设计界面

下面先来认识一下这个界面中的主要部分的名称,便于在后续章节中更好地理解和应用。

## 1.5.1 主菜单栏

图 1－4 所示是原理图编辑器界面的主菜单栏。

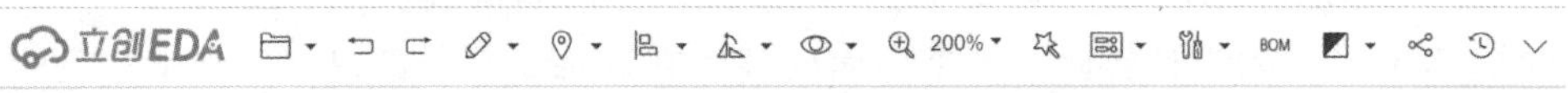

图 1－4 原理图编辑器界面的主菜单栏

立创 EDA 的主菜单栏是由很多漂亮的图标组成的，把鼠标放到任意一个图标上，就会显示这个图标的名称。比如，把鼠标放到原理图编辑器界面中主菜单栏的第一个图标上面，就会显示“文件”两个字，表示这个图标是文件菜单。使用图标，相对于使用文字来说，更加直观，因为根据图标的样式，很容易判断这个菜单的名称和作用，而如果使用文字，找到目标菜单的时间，可能会比直接找到图标的时间要长一点，所以，采用图标菜单无形中提高了我们的设计效率。其实，像这样通过一些小细节来提高设计效率的地方在立创 EDA 软件中还有很多处，跟着我继续向下学习，你就会发现的。

因为在不同的编辑器界面下，需要不同的功能，所以在各个编辑器界面下的主菜单栏会有一些差别。图标后面带有一个小的下三角按钮，表示在这个菜单下还有子菜单。只需要把鼠标放到对应的图标上边，就可以自动弹出对应的子菜单，如图 1－5 所示。

图 1－5 原理图编辑器界面主菜单栏中的文件子菜单

## 1.5.2 导航菜单

“导航菜单”位于编辑器界面的左边，“导航面板”位于导航菜单的右边，如图 1－6 所示。在原理图编辑器界面和 PCB 边界器界面一共有 6 个导航菜单，它们分别是：“工程”、“基础库”、“设计管理器”、“元件库”、“立创商城”和“嘉立创”。

其中，“工程”“基础库”“设计管理器”这三个导航菜单，单击对应的导航菜单图标，

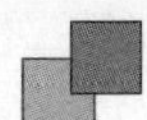

就会在导航菜单右侧打开对应的导航面板。

单击“元件库”导航菜单，会打开新的窗口。

单击“立创商城”导航菜单，会跳转到立创商城首页。立创商城是电子元器件在线销售平台，所售商品都是自营库存，保证原装正品，支持样品销售，在线下单，自动发货。

单击“嘉立创”导航菜单，会跳转到嘉立创公司首页。嘉立创公司是PCB制造工厂，支持样板订单和批量订单，在线下单，自动生产和发货。

嘉立创和立创商城是兄弟公司，网站的账号都是通用的。

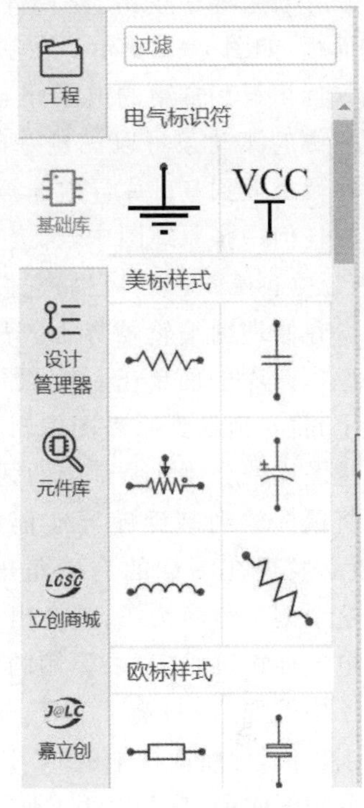


图1-6 导航菜单与导航面板

### 1. 工　程

单击“工程”导航菜单，在工程导航面板就会列出所有你做的工程，如图1-7所示。如果你做的工程比较多，可以通过工程最上面的“过滤”功能快速搜索到你想要的工程。比如，你想要找ADE7755的工程，只需要在过滤框中输入“ADE7755”，工程列表中就剩下包含ADE7755的所有工程，你可以从中选择所想要的工程。

单击工程名字前面的三角形按钮，就会展开工程文件，如图1-8所示，ADE7755电量计模块中一共有两个文件，一个是名称为“Sheet_1”的原理图文件，另一个是名称为“PCB”的PCB文件。双击原理图名称或者PCB文件名称，就会在界面中打开对应的文件。

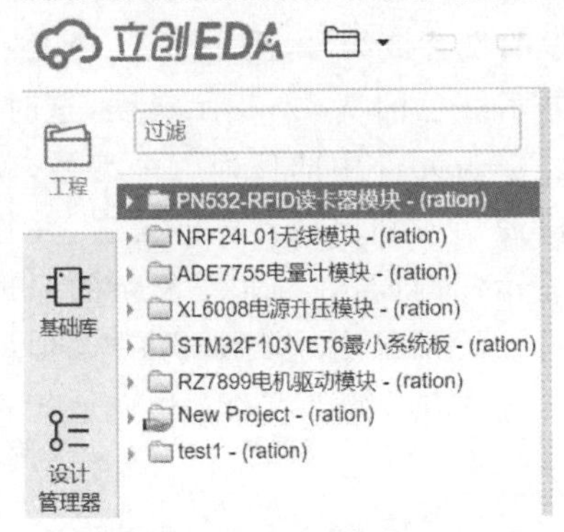


图1-7 工程导航面板

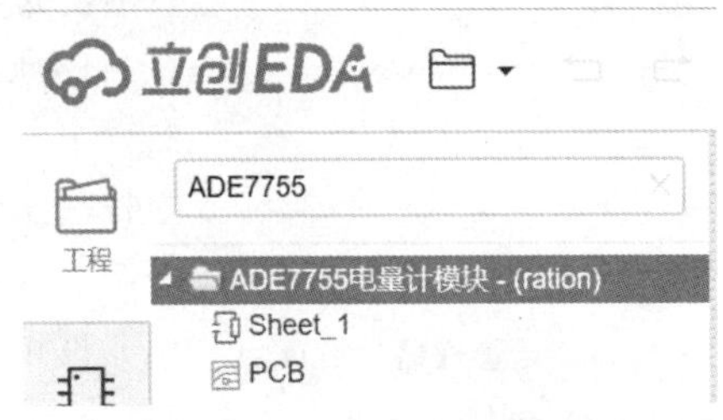


图1-8 ADE7755工程文件

### 2. 基础库

基础库，实际上是基础原理图库的简称。原理图库，就是电子元器件的电气符号。

在导航菜单中单击“基础库”图标，即可打开基础库导航面板，如图 1-9 所示。在基础库导航面板中，有常用的电气标识符和常用的电子元器件原理图库。拖动导航面板右侧的滚动条可以浏览基础库当中所包含的东西，或者将鼠标放到基础库导航面板中滑动也可以查看。

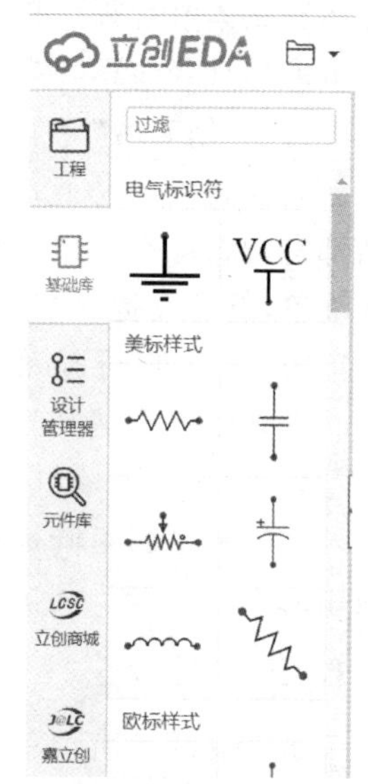

图 1-9　基础库导航面板

在任何一张原理图中，都会有电容、电阻等常用元器件，所以立创 EDA 软件已将它们的原理图库放到了基础库中。在原理图编辑器界面，只需要在你选中的电子元器件原理图库上面单击，该元器件原理图库就会附着在鼠标上，将它拖动到原理图编辑器画布上面单击，该元器件原理图库就会放到原理图的画布上面。

将鼠标放到基础库导航面板上的任何一个图标上面，就会发现在图标的右下角出现一个倒三角形按钮。单击这个倒三角形按钮，就会出现一个下拉菜单。比如，单击电气标识符 GND 右下角的倒三角形按钮，就会在下拉菜单中发现 GND 有 4 种不同的样式。在对应的样式名称上单击，导航面板中的 GND 图标就变成你所选择的样式了。有了这个功能，在连接器原理图库中，就可以很方便地选择你需要多少 PIN 的接口。

### 3. 设计管理器

设计管理器导航面板如图 1-10 所示，它是用来查找错误的。当原理图很复杂时，它的作用尤为明显。在原理图编辑界面上，它主要负责检查两个方面的错误：一个是元件，另一个是网络。单击“元件”前面的三角形按钮，就会在导航面板中展开所有原理图中的元器件编号，如果编号还是“?”，说明没有被编号，例如“C?”，就会在该元器件编号前面显示红色的 X 号，提示错误，这时，可以对其进行修改。单击元件中的任何一个编号，就会在右侧原理图中快速切换到该元器件的位置，并且元器件为红色高亮显示。例如，在一张很复杂的原理图中找一个编号为 R26 的元器件，估计要找好久，但使用这个功能，只需要轻轻一点，就可以非常快速地找到该元器件了。

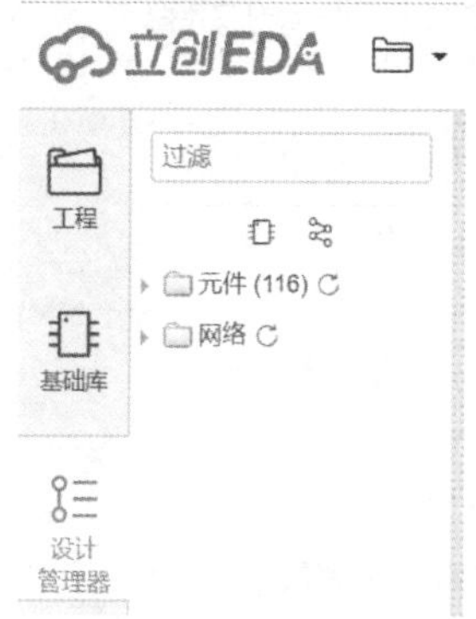

图 1-10　设计管理器导航面板

### 4. 元件库

元件库，是基础库的扩充。不过，在元件库中不仅包含“原理图库”，而且还包含“PCB 库”“原理图模块”“PCB 模块”，共四种类型。PCB 库，也叫做封装库，可以简单地理解为元器件焊盘的组合。电子元器件的多种多样，也导致了封装库的多种多样。

对于不同的产品,在原理图设计中,经常会有相同的电路部分,可以把这些常出现的相同的电路部分保存为"原理图模块"或"PCB模块",方便在以后的设计中使用,节约时间。

元件库中,包含自己做的库和别人做的库。自己做的库,位于"个人库";别人做的库,包含"立创商城""立创贴片""系统库""团队""关注"。

- "立创商城"库:是立创商城公司制作的元件库,主要包括立创商城在售的元器件。因为立创商城在售元器件数量非常庞大,而且大多是常用电子元器件,所以,这里的库数量也是非常庞大的,今后做设计,会经常用到这里的库文件。
- "立创贴片"库:包含适合嘉立创SMT生产的元件库,如果担心自己做的库在嘉立创SMT生产时出问题,可以考虑使用这里的库。
- "系统库":来源于开源的库文件,大多来源于开源Kicad库和开源Eagle库,再加上立创EDA团队自己做的库,库数量已经超过50万个。
- "团队"库:如果你加入了团队,这里就是你们团队成员一起做的元件库。
- "关注"库:得益于立创EDA的开源功能,有很多具有奉献精神的小伙伴会把自己的工程分享出来,你关注了这个用户以后,这里就会显示该用户创建的库。

单击元件库导航菜单会弹出一个新的窗口,如图1-11所示。这个新窗口,实际上是库文件的搜索引擎。在"搜索引擎"文本框中输入关键字进行搜索,选择"类型"和"库别",再从搜索结果列表中寻找你想要的元器件。

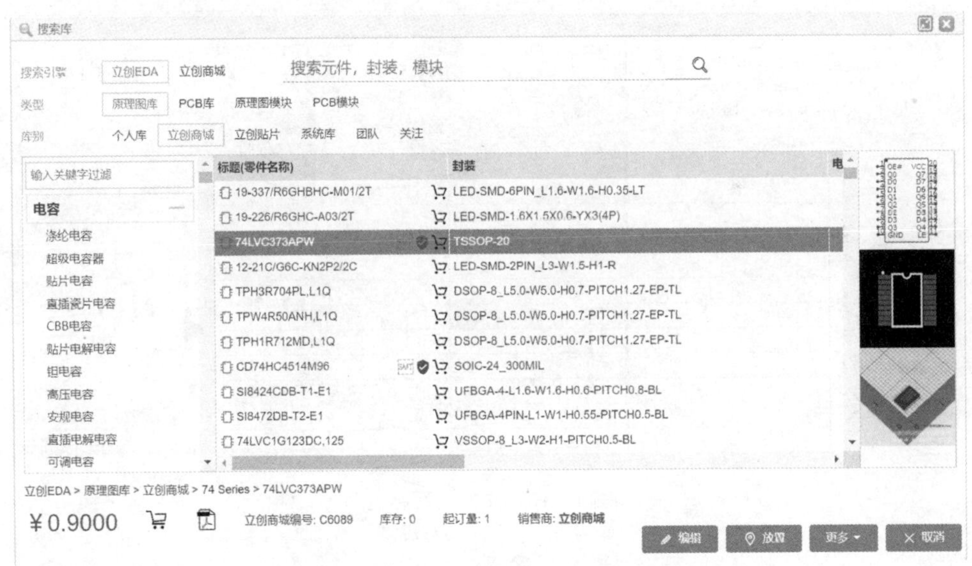


图1-11 元件库窗口

单击搜索结果列表中的任何一个元器件,就会在窗口右侧出现该元器件的原理图库、PCB库的缩略图,便于选型。如果是立创商城库,还可能会有实物图。单击原理图库缩略图,即可打开该元器件的原理图库编辑器界面;单击PCB库缩略图,即可打开该元器件的 PCB 库编辑器界面;单击实物缩略图,即可打开该元器件在立创商城的购买链接。在窗口的最下方,还会有芯片的参考价格提示。

#### 5. 立创商城

单击"立创商城",即可打开立创商城的网站首页,www. szlcsc. com。

#### 6. 嘉立创

单击"嘉立创",即可打开嘉立创公司的网站首页,www. sz－jlc. com。

### 1.5.3 文件页面标签

图 1－12 中的箭头所指,就是文件页面标签。单击对应的标签,即可切换到对应的文件编辑器页面。如果文件经过修改而尚未保存,就会在文件名称旁边显示一个符号"*",提醒用户该文件尚未保存。

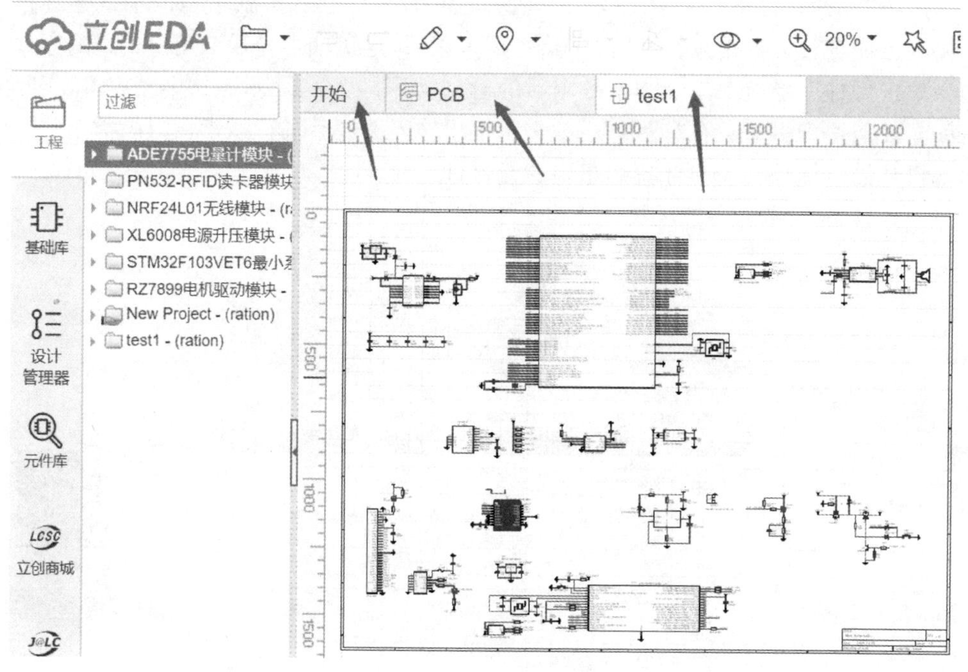


图 1－12　文件页面标签

### 1.5.4 悬浮窗口

在原理图编辑器界面、PCB 编辑器界面、原理图库编辑器界面和 PCB 库编辑器界面中,都有悬浮窗口。不同的编辑器界面,有不同的悬浮窗口。如图 1－13 所示,是原理图编辑器界面的悬浮工具。悬浮窗口,都是作图过程中需要用到的工具命令。这些

工具命令,都可以在主菜单的工具菜单中找到,将其放入悬浮窗口中,可以大大提高作图的效率。

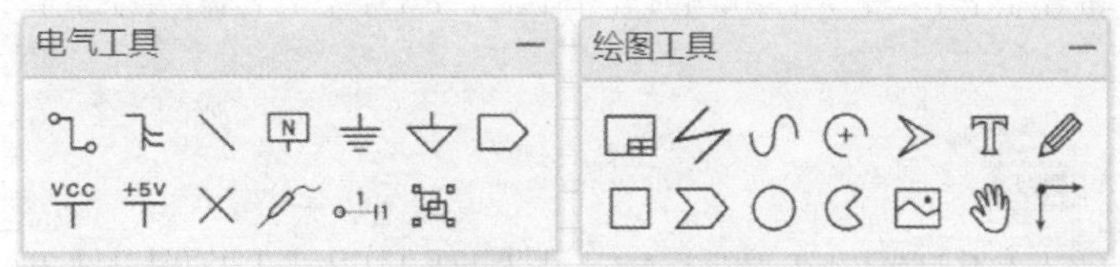


图 1-13　原理图编辑器界面悬浮工具

如果觉得悬浮窗口占地方,可以单击悬浮窗口右上角的"最小化"命令,把悬浮窗口隐藏。如果想彻底关闭悬浮窗口,则可以用主菜单中的"查看"菜单命令。

## 1.5.5　属性面板

属性面板位于编辑器界面的右侧。选中不同的对象,就会在右侧出现对应的属性面板。如图 1-14 所示,就是单击画布以后出现的"画布属性"面板。另外,还有"元器件属性"面板等。在属性面板中可以很方便地修改所选对象的各种参数。

在原理图编辑器界面和原理图库编辑器界面中的画布,单位为像素(px)。需要注意的是,"网格""栅格""ALT 键栅格"的不同之处。"网格"指的是在画布中显示的网格。"栅格"指的是画布中的元素(比如元器件)步进的距离。"ALT 键栅格"指的是拖动元器件时同时按下 ALT 键后元素步进的距离。"网格""栅格""ALT 键栅格"的值可以在"画布属性"面板中单独设置。你可以试着修改一下它们 3 个的值,然后拖动元器件看看实际的效果。

如果觉得属性面板占地方,则可以单击属性面板左侧的三角形按钮,将属性面板最小化;也可以使用主菜单中的"查看"→"右侧栏"命令,彻底打开或关闭属性面板。

| 选中数量 | 0 |
| --- | --- |
| 画布属性 | |
| 背景色 | #FFFFFF |
| 网格可见 | 是 |
| 网格颜色 | #CCCCCC |
| 网格样式 | 实线 |
| 网格大小 | 50 |
| 吸附 | 是 |
| 栅格尺寸 | 5 |
| ALT键栅格 | 5 |
| 光标X | 3530 |
| 光标Y | 795 |
| 光标DX | -190 |
| 光标DY | 10 |

图 1-14　"画布属性"面板

# 第 2 章

# 原理图设计基础

我们使用 PCB 设计软件，主要是完成两件事情：一件是原理图设计，另一件是 PCB 设计。本章将介绍原理图设计相关的基础知识。

如果你初次接触电路板设计，可能会对电路设计相关的专业名称感到陌生，不用着急，下面就用通俗的语言给你讲解任何一个你感到陌生的专业名称和相关专业技术。

## 2.1 什么是原理图

图 2-1 所示是一张电路板的原理图。

原理图是由若干电子元器件符号和导线构成的电路图。它是用来表示电路原理的，但也不仅仅表示原理，在原理图中的每一个元器件和每一条导线，都对应 PCB 中的实物元器件和实物导线，都不是多余的。

如果直接看 PCB 文件来弄懂电路的原理，可能要费很大劲，但直接看原理图，就可非常直观地了解电路的原理了。这其实就是原理图存在的意义之一。原理图存在的另一个意义，是为 PCB 设计做前期准备。

在原理图中，会有电阻、电容以及电路所需的各种电子元器件的电气符号。这些电子元件符号，可以通过导线直接连接，也可以通过网络标号、总线等方式间接连接。导线工具是最基本的连接电子元器件引脚的工具，如果不方便使用导线连接，则可借助于其他的连接方式。但是，不管你采用什么样的连接方式，最终在 PCB 文件中，都会变成导线。

需要注意的是，在画原理图之前，应根据需求来规划好你的电路板，比如需要用到哪些元器件，这些元器件该如何连接，这些问题要做到心中有数。软件只是辅助表达你的思想，就好像，你是一个作家，你书中的内容，是你的思想设计的，而不是 Word 软件设计的。不过，借助一款优秀的软件，可以更好地完成我们的设计，多数情况下，它还可以帮助我们修正设计。

你可以简单地理解为原理图中只包含“元件符号”和“导线”。

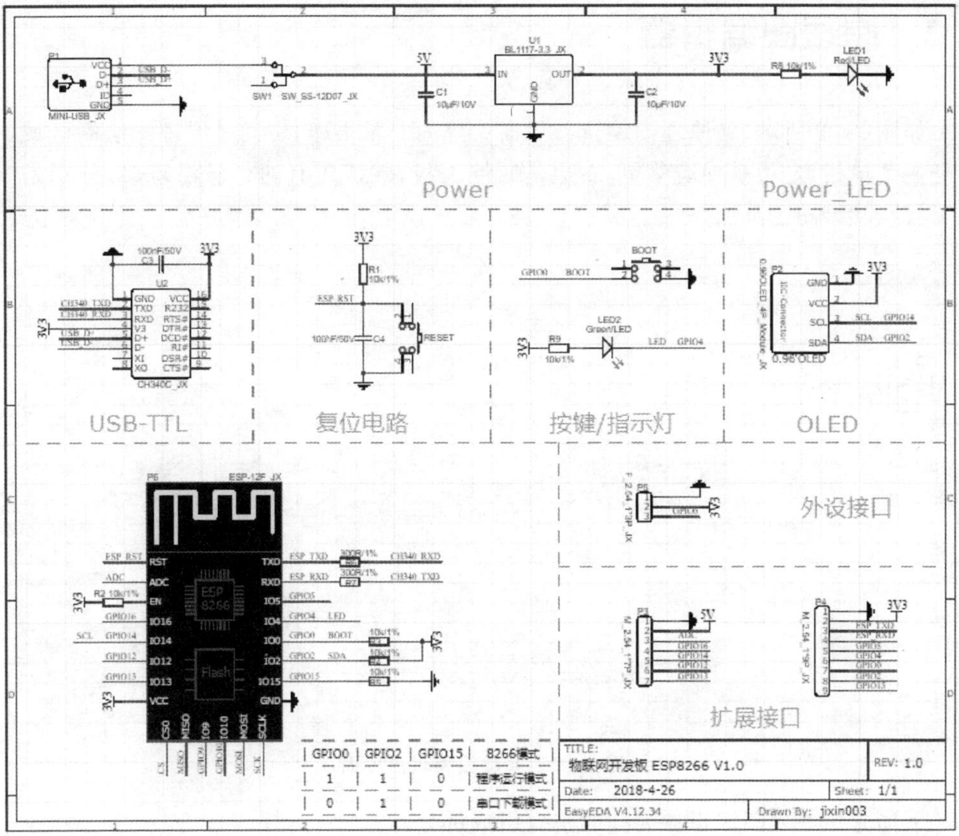

图 2－1　立创 EDA 绘制电路板的原理图

## 1. 元件符号

在原理图中的元件符号，其实就是电子元器件的原理图库，来源于基础库和元件库。比如，电阻、电容等常用元器件，都可以从基础库中选择并放置，基础库中没有的电子元器件，就需要从元件库中搜索，如果元件库中也没有，就需要自己动手绘制原理图库了。

元件符号一般是由引脚和边框组成的，大多数情况下，引脚和实物是一一对应的，但引脚的顺序和排列方式可以与实物不一样。这并不会对 PCB 设计造成什么影响。

## 2. 导　线

导线负责元件符号之间的电气连接。在一张复杂一些的原理图中，如果只用导线工具连接，看起来会很乱，为了不显得乱且有条理，立创 EDA 为我们提供了“网络标签”“网络端口”工具。使用这两个工具，同样可以实现电气连接。这两个工具的使用方法，将在后面章节中详细描述。需要注意的是，“网络标签”和“网络端口”两个工具，都必须放置到引脚的电气连接点或者导线上，否则不起作用。电源符号其实也是网络标签，相同名称的电源符号，是具有电气连接关系的。

## 2.2 原理图编辑器

如图 2-2 所示，是原理图编辑器界面。界面非常干净，中间是原理图绘制区域，上边是主菜单栏，左边是导航菜单，右边是属性面板，默认还有两个悬浮窗口，分别是“电气工具”和“绘图工具”。

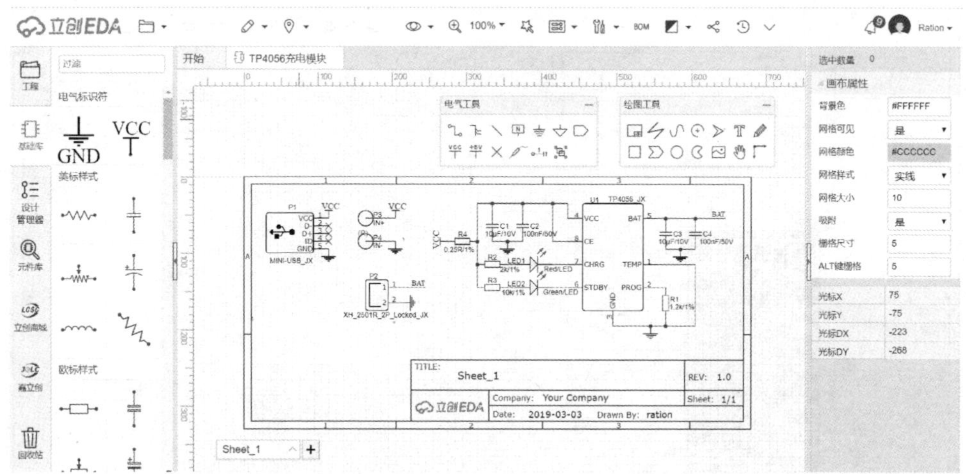


图 2-2 原理图编辑器界面

下面介绍原理图编辑器界面的主要组成部分。

### 2.2.1 主菜单栏

在不同的编辑器界面下，主菜单栏会有些许差别。原理图编辑器界面的主菜单栏如图 2-3 所示。在原理图中，所有的操作都可以使用主菜单栏的菜单命令来完成。

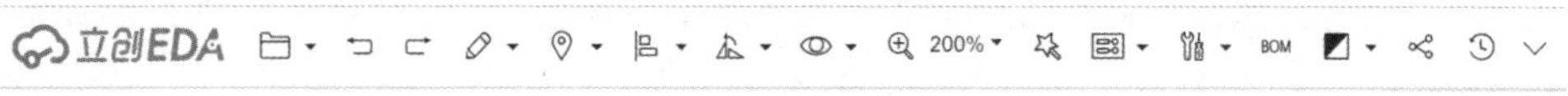

图 2-3 原理图编辑器界面主菜单栏

#### 1. “文件”菜单

“文件”菜单下，包括新建、打开、保存、另存为、另存为模块、导入、打印、导出、导出 BOM、导出网络、立创 EDA 文件源码。

“新建”命令：可以创建工程，新建原理图、PCB、原理图库、PCB 库等文件，还可以新建 Spice 符号、Spice 子电路、原理图模块和 PCB 模块。其中，“Spice 符号”和“Spice 子电路”属于仿真文件。

“打开”命令：可以打开保存到本地计算机的立创 EDA 文件，还可以打开 Altium

Designer、Eagle、Kicad 这些第三方软件的文件。

“保存”和“另存为”命令：可以把文件保存到云端，在保存时，可以选择文件保存到哪个工程，可以写入标题和描述。最重要的是，你想把你的文件设置为私有还是公开。设置为私有的文件，只能够自己看到；如果你想把自己的工程开源给大家，则可设置为公开。另外，私有和公开可以随时切换，保存为私有的工程可以随时设置为公开，设置为公开的文件也可以随时设置为私有。设置为公开的文件，别人可以观看和复制到他的工程，复制到他的工程后，他可以修改，但不会改变你分享的源文件，所以你不必担心你公开的文件会被修改。

“另存为模块”命令：这个命令非常有用，下面介绍如何利用这个功能高效地进行电子设计。当做过很多电路板之后，就会发现总有一些电路，几乎在每块电路板上都会出现。有些电路，可能在你的行业应用非常广泛，比如 RS232 电路，这时就可以把 RS232 芯片加电容的外围电路单独保存为一个模块，这样，当在下次做电路板用到这个功能时，就可以在元器件库中把这个模块直接放到原理图中，就像使用一个单独的元器件一样。如果熟悉 C 语言编程，则可以把这个“模块”理解为一个被封装的函数，写程序时，不必每次都重新写这个函数，可以直接复制粘贴。这样做，不仅大大提高了效率，同时还不容易出错。

“导入”命令：可以给原理图导入 AutoCAD 做的 DXF 文件及图片。用这个功能，可以在原理图中放入你们公司的图片 logo 等。利用得好，可以美化你的原理图。

“打印”命令：可以调用你计算机上的打印机，也可以调用 PDF 打印机，从而把原理图打印成 PDF 文件。但是，这里推荐使用下面讲到的“导出”命令导出 PDF 文件，导出的原理图更加美观，无需费力调整尺寸。

“导出”命令：可以把原理图导出为 PDF 文件、PNG 图片、SVG 图片、Altium Designer 格式原理图文件、SVG 源码。如果你的工程是由多张原理图构成的，还可以把多张原理图导出为一个 PDF 文件，非常方便。

“导出 BOM”命令：可以导出元器件 BOM 表，导出格式为 csv，可以用 EXCEL、WPS 等软件打开。这个功能在主菜单中也有单独的图标。

“导出网络”命令：可以导出 Protel/Altium、Pads、FreePCB 等第三方软件的网络表。

“立创 EDA 文件源码”命令：可以把原理图保存为立创 EDA 的源码文件到本地计算机，利用前面提到的“打开”命令，可以将保存在计算机上的立创 EDA 文件源码打开。如果你担心立创 EDA 服务器不稳定，可以用这个命令把你做的原理图保存到本地。发生断网时，也可以用这个命令保存你的文件。

### 2. “撤销”和“重做”菜单 ⮌　⮎

前面的图标是“撤销”命令，后面的图标是“重做”命令。关于这两个图标的功能，在 Word 等软件中经常会用到，用于更正当前以及之前的操作。

### 3. “编辑”菜单

“编辑”菜单下，有常用的复制、粘贴、剪切、删除、拖移等命令，用于处理原理图中的元器件，这个比较简单，大家很容易理解。

“标注编号”命令：用来给原理图中的元器件进行批量标注编号、修改编号。

“编号位置”命令：如果没有选择任何元器件，这个命令是灰色的。只有单击选择一个元器件，这个命令才会变成黑色并可执行。用来改变元器件编号的位置，实际中，这个命令可能用的不太多，因为要想改变编号的位置，直接单击编号就可以拖拽编号的位置了。

“全局删除”命令：这个命令可以批量删除原理图中的元件、网络标签和标识符、文本、导线等内容。其中，“其他”是指其他四项之外的所有内容。如果不小心使用了这个命令，可以使用刚才提到的“撤销”命令恢复。

“清空画布”命令：把前面“全局删除”命令窗口中的 5 个内容都选中删除，会使原理图窗口中只剩下一张文档表格，而“清空画布”这个命令，会把文档表格也删除，可以说是删除的非常彻底。

“解锁全部”命令：原理图画好以后，为了防止意外移动元件的位置，可以选中元件后在元件属性中把元件锁定，锁定后的元器件就不能再移动它的位置。在一张很大的原理图中，如果锁定了很多元件，可以不用一个一个地解锁，使用这个“解锁全部”命令，就可以一次性批量解锁了。

“更新全部”命令：当你把画好的元件放到原理图后，发现元件某些地方需要修改一下，你可打开元件库修改这个元件，修改以后，有两种办法更新原理图中的元件：第一种方法比较简单，直接删除原理图中的元件，再从元件库把修改好的选中放进来；第二种方法是在这个元器件上右击，在弹出的快捷菜单中选择“更新”命令即可。如果你修改的元件在原理图中使用了很多，这时按理说，你得一个一个在元件上右击更新。但是有了这个“更新全部”命令，即可一次批量更新了，非常方便。

### 4. “放置”菜单

“放置”菜单，主要包含放置元件、导线、总线、网络标签等“放置”命令。这些放置命令，同样位于画布中悬浮的“电气工具”和“绘图工具”窗口中，在绘制原理图时，你可以在菜单中选择“放置”工具命令，也可以在悬浮窗口中选择“放置”命令。

### 5. “对齐”菜单

“对齐”菜单，一般用来对相同的若干个元器件进行对齐排版操作，使得原理图更加美观。在没有选中任何元器件时，这个菜单图标是灰色不可操作状态，只有选中 1 个以上元器件时，才会变成黑色可执行状态。

### 6. “旋转与镜像”菜单

“旋转与镜像”菜单，包含逆时针旋转 90°、顺时针旋转 90°、水平翻转、垂直翻转、移到顶层、移到底层命令。旋转命令用来改变元器件的方向，翻转命令用来把元器件镜

像。当两个元器件重叠在一起的时候，我们可以看到两个元件一个在上面，一个在下面，通过“移到顶层”和“移到底层”命令，可以改变上下层的重叠关系。在没有选中任何元器件的时候，这个菜单图标是灰色不可操作状态，只有选中 1 个以上的元器件，才会变成黑色可执行状态。

### 7. “查看”菜单

“查看”菜单可以用来关闭和开启网格和光标显示效果，可以用来打开和关闭“绘图工具”“电气工具”悬浮窗口，可以用来打开和关闭“左侧栏”和“右侧栏”，可以用来打开和关闭“预览窗口”，还可以用来查找元器件和相似对象。

“查找”命令：使用这个命令，可以很容易地在一张复杂的原理图中迅速找到你需要的目标内容，还可以查找编号、名称、封装、网络标签等内容。

“查找相似对象”命令：用这个功能，可以进行批量修改某些元素，比如批量修改封装、批量修改文字大小等。

### 8. “缩放”菜单 100%

“缩放”菜单命令用来控制画布显示区域的缩放。除了这个命令，还可以使用鼠标的滚轮进行缩放。

### 9. “原理图库向导”菜单

可以快速地制作一些常用的元器件原理图库，比如 DIP－A DIP－B QFP SIP 样式的原理图库。

### 10. “转换”菜单

“转换”菜单下面有两个子菜单，分别是：“原理图转 PCB”和“更新 PCB”。当画好原理图后，就可以通过“原理图转 PCB”菜单，生成一个 PCB 文件，PCB 中会有所有原理图中的元件，以及与原理图中一样的电气连接。当根据需求修改了原理图的一点内容后，就可以通过“更新 PCB”来同步修改 PCB 文件。

### 11. “工具”菜单

“交叉选择”命令：在原理图中选择一个元器件，单击这个“交叉选择”命令，就可以迅速切换到 PCB 中此元器件的位置并设置为高亮。同样，在 PCB 中也可以使用“交叉选择”功能迅速切换到原理图中该元器件的位置。

“布局传递”命令：如果想让 PCB 中的元器件摆放位置与原理图中的元件摆放位置大致相同，可以在原理图中选中所要控制的若干个元件，然后使用“布局传递”命令，就可使 PCB 中的元器件布局依照原理图中的布局摆放，大大提高了 PCB 布局的速度。

“封装管理器”命令：可以给原理图中的所有元器件设置对应的 PCB 封装。同时，还可以检查原理图元件引脚和 PCB 封装引脚的对应关系，极大地方便了开发。

“仿真”菜单，可以对电路进行仿真分析。

“扩展”菜单，可以用于扩展一些 JS 代码。

**12. BOM 菜单 BOM**

该菜单图标用于生成元器件的 BOM 表，与前面提到的“文件”菜单中的“导出 BOM”命令是一个命令。

**13. “主题”菜单**

对“主题”菜单下的前四个主题：原始主题、黑底白图、白底黑图和自定义主题，可以单击进行切换。而这些主题的风格，是由最后一个“主题设置”窗口来定义的。在这个“主题设置”窗口，可以给自己做一个非常个性化的主题，总之，喜欢什么样的风格，随你！

**14. “分享”按钮**

单击“分享”按钮，可以生成一个链接，任何人通过这个分享链接都可以查看你的文件。

**15. 文档“恢复”按钮**

文档恢复，相当于一个回收站，最近删除的文件都在里面，选择一个你要恢复的文件，单击“恢复”按钮即可。提示：要恢复的文档是保存在本地的，不受服务器的影响。

**16. “配置”菜单**

在“配置”菜单下，可以配置快捷键、按钮、个人偏好、语言。

**17. “帮助”菜单**

在“帮助”菜单下，是一些相关功能。

“关于”菜单，可以查看立创 EDA 的当前版本。

“快捷键”可以查看当前的设置好的快捷键。

其他菜单，大家可以自行了解一下。

## 2.2.2 电气工具

“电气工具”悬浮窗口如图 2-4 所示，在原理图设计中，使用非常频繁。因此需要掌握“电气工具”悬浮窗口中的每一个工具。

**1. 导线**

导线是使用最为频繁的一个电气工具，它负责连接原理图中的元器件引脚，在实物中，是具有电气特性的导线。在原理图绘制中，有多种表达电气连接的工具，它是最基本的。单击“导线”工具，光标会变成一个十字，如图 2-5 所示。

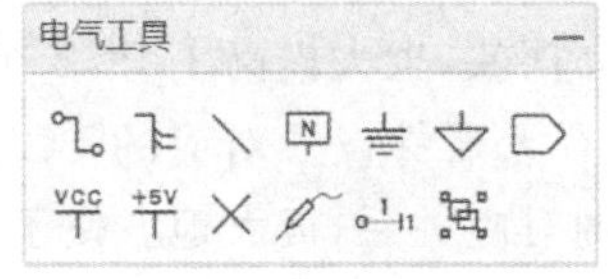


图 2-4 “电气工具”悬浮窗口

图 2-5 十字光标

当“导线”命令附着在光标上后，即可通过单击来放置导线，导线可以从元器件的引脚上开始放置，也可以在原理图中的任何一个空白处开始放置。单击后拖动，就会看到一条导线跟随在光标上，找到需要连接的目标引脚后，在引脚的电气连接点上单击，一根导线就绘制完成了。如果刚才没有在引脚上单击，而是在空白处单击，代表这根导线在此处拐弯，导线还没有绘制完成，所以还会有导线跟随，直到导线放置到一个引脚上，或者右击，一根导线才算绘制完成。如果想要取消“导线”命令，再次右击，就看到十字光标没有了，恢复为常用光标。

单击绘制好的导线，在界面的右侧会出现“导线”属性面板，如图 2－6 所示。在这个属性面板上，可以修改导线的颜色、线宽、样式、填充颜色以及是否需要锁定。

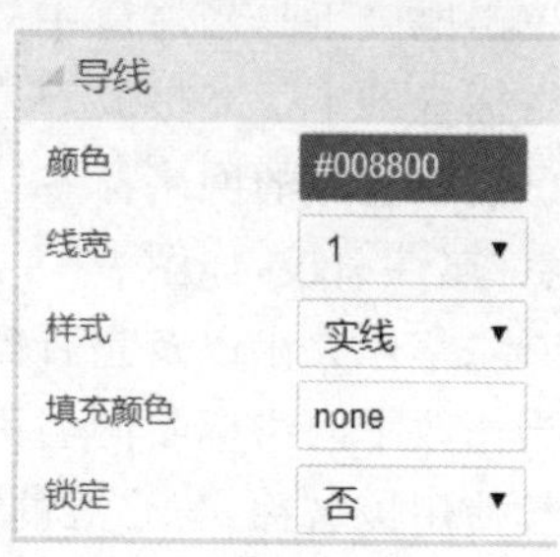


**图 2－6　“导线”属性面板**

## 2. 总线

总线比导线粗，它不具备电气特性，只是用来美化原理图的连线，使人更容易“阅读”原理图。在数字电路中，经常会有各种数据总线、地址总线等，如果只用导线连接，有时会显得杂乱无章，使用总线后，就会变得非常有条理。实际操作中，只要是美化原理图的连线，就可以使用总线。总线的操作方法及其属性面板与导线类似。

## 3. 总线分支

“总线分支”命令总是与“总线”命令同时使用。单击总线分支命令，会有一个总线分支附着在鼠标上。总线分支总是倾斜 45°角放置，当命令附着在鼠标上以后，可以通过单击空格键来改变总线分支倾斜的方向。

使用总线和总线分支绘制的原理图，如图 2－7 所示。

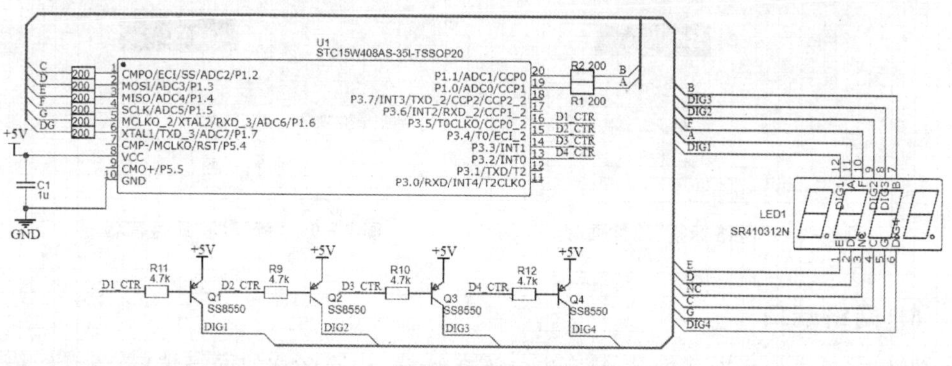


**图 2－7　使用总线绘制的原理图**

## 4. 网络标签

网络标签，与导线具有同样的电气特性，如果两个引脚都放置了同样名称的网络标签，代表这两个引脚是电气连接的，与使用导线是一模一样的。网络标签，用于不方便使用导线连接的地方。在某些情况下，如果两个芯片之间的连接都使用导线，结果可能会非常的错综复杂，但如果用“导线＋网络标签”的连接方式，原理图看起来就会非常的有条理。

单击电气工具悬浮窗中的“网络标签”命令，就会有一个网络标签附着在鼠标上。把网络标签的十字光标放到芯片引脚的电气连接点或者导线上，网络标签才会起作用。单击已经放置好的网络标签，网络标签会由默认的蓝色变为红色，同时在右侧出现“网络标签”属性面板，如图 2－8 所示。在这个属性面板中，可以修改网络标签的名称、颜色、字体、字体大小以及是否需要锁定。

当修改了网络标签的名称时，编辑器会记住你上次使用的网络标签名称，并在下一次继续使用该名称，若修改的网络名称以数字结尾，那么下次放置时网络标签的名称将自动加 1。如放置了 DB1，那么下一个为 DB2。

### 5. 标识符 GND

在“电气工具”悬浮窗口中，有两种 GND 的表示方法：一种是几条横线堆叠在一起组成的 GND，另一种是三角形组成的 GND。在实际使用中，可以用这两种不同的符号来分别表示模拟地和数字地。一般情况下，横线组成的 GND 用来表示模拟地，三角形组成的 GND 表示数字地，但是这并不是强制的，如果你的原理图中使用了这两种不同的符号，一定要修改它们的名称，比如修改为 AGND 或者 DGND，如果没有修改，则它们都是电气连接的，达不到区分数字地和模拟地的效果。

单击放置好的 GND 符号，右侧出现“标识符”属性面板，如图 2－9 所示。在这个属性面板中，可以修改它的名称、颜色、字体、字体大小以及是否需要锁定。

**图 2－8 “网络标签”属性面板**

**图 2－9 “标识符”属性面板**

### 6. 网络端口

网络端口类似于网络标号，具有电气连接特性，相同名称的网络端口，或者网络标签与网络端口名称相同，也是在电气上连通的。不同的是，网络端口一般用于多页原理图绘制的场合。

单击已经放置好的网络端口，在右侧出现的属性面板，如图 2－10 所示。在属性面板中，可以修改网络端口的名称、颜色、字体、字体大小以及是否需要被锁定。

### 7. VCC 标识符和+5V 标识符

这两个都是电源+的标识符，只是名称不同，如果放置 VCC 标识符以后，把标识符名称修改为+5 V，与直接放置+5 V 是一模一样的。之所以在电气工具中设置两个图标，是因为+5 V 使用相对比较频繁，为使用方便，就设置了两个电源正图标。

VCC 标识符和 GND 标识符，本质上，与网络标签是一样的，只要名称相同，在电气上就是连接的。

图 2-10　“网络端口”属性面板

### 8. 非连接标志×

原理图中的芯片经常会有在电路中不需要连接的引脚，我们可以把这些空闲的引脚上放置非连接标志。如果不放，则在设计管理器中会出现网络连接错误，但是这并不会影响最终的 PCB 设计。

在原理图中单击已经放置好的“非连接标志”，在右侧出现属性面板，如图 2-11 所示。在属性面板中，可以修改非连接标志的颜色以及是否需要锁定。注意，非连接标志只能用在引脚上，不能放到导线上。

### 9. 电压探针

电压探针可以放到原理中的某个元器件引脚或导线上，用来测量导线上的电压，这个功能，在仿真时可以用。仿真时，出现的波形就是根据这个电压采样生成的。

### 10. 引脚

这里的“引脚”工具，与原理图库中的引脚工具一样，都可以给元器件放置引脚。引脚负责元器件的电气连接，如果没有引脚，元器件就不能用导线连接起来。在原理图设计中，很少使用这个功能，这个功能多用于原理图库设计时。在原理图中放置引脚，可以与其他图形结合成一个原理图库，详细操作请看“组合解散”工具的讲解。

### 11. 组合解散

这个命令，可以让我们在原理图编辑器界面绘制和修改原理图库文件。在原理图界面选中一个元器件，这个元器件变为红色，如图 2-12 所示。

图 2-11　“非连接标志”属性面板

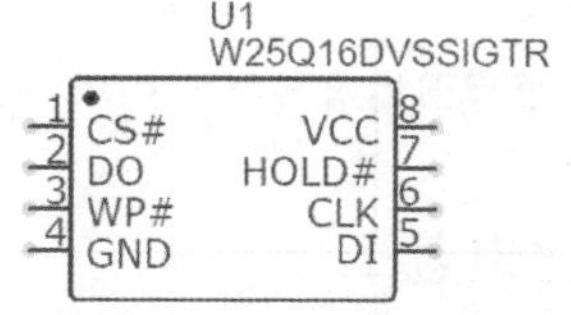


图 2-12　选中元器件

在“电气工具”悬浮窗口中，单击“组合解散”命令，这个元器件就被打散了，这时就可以单独地修改这个原理图元件的引脚名称、矩形形状等，与在原理图库编辑器界面的操作一样。当修改好之后，把鼠标放到元器件左上角按住左键不放一直拉到元器件的右下角，选中整个元器件，然后再次单击电气工具中的“组合解散”命令，弹出一个对话框，如图 2-13 所示。如果不修改元器件的编号和名称，则直接单击“确定”按钮即可。这时，元器件就又变成一个整体了。

**图 2-13　单击“组合解散”命令后弹出的对话框**

你也可以在原理图编辑器中使用绘图工具中的“矩形”工具和“电气工具”悬浮窗口中的“引脚”工具，直接在原理图编辑器界面做一个原理图元器件库，做好之后，选中全部，单击“组合解散”按钮，输入名称和编号，一个原理图库就做好了。

## 2.2.3　绘图工具

“绘图工具”悬浮窗口位于原理图编辑器界面和原理图库编辑器界面，在这两个编辑器界面的绘图工具，只有第一个工具命令不同，其他的绘图工具都相同。图 2-14 所示是原理图编辑器界面中的绘图工具，图 2-15 所示是原理图库编辑器界面中的绘图工具。下面，详细地介绍一下每一个绘图工具命令的使用方法。

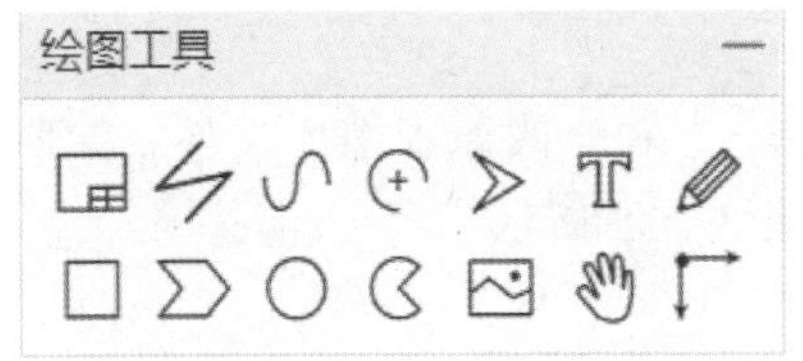


**图 2-14　原理图编辑器界面中的绘图工具**

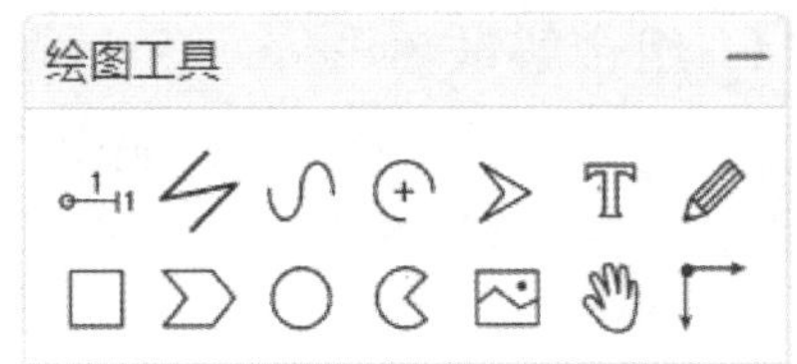


**图 2-15　原理图库编辑器界面中的绘图工具**

### 1. 文档设置

在“绘图工具”悬浮窗口中，单击“文档设置”命令，弹出一个新的对话框，如图 2-16 所示。在“文档设置”对话框中，可以设置原理图的尺寸和方向。单击“新增”按钮，将新建一个原理图画布，新的画布会附着在鼠标上，单击，新的原理图画布就可以放到界面中。需要注意的是，旧的原理图画布还会存在。如果不单击“新增”按钮，而是单击“更新”按钮，将会把旧的原理图画布按照“文档设置”对话框中的内容进行修改。

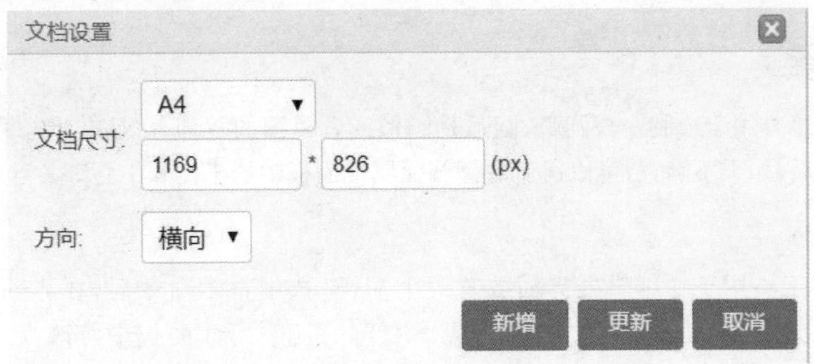


图 2-16 “文档设置”对话框

**2. 引脚**

“引脚”工具用于在原理图库编辑器界面放置引脚。单击“引脚”工具后，会有一个引脚附着在鼠标上，在原理图库编辑器界面中选择合适的位置单击，引脚就被放上去了。在放置引脚时，需要注意，相对于边框来说，引脚的电气连接节点要朝外，电气连接节点就是引脚上的那个小圆圈。将来找个电气节点是要连接导线的，朝外放置，便于连线。

当“引脚”工具还附着于鼠标上时，可以通过单击空格键改变引脚方向，等到方向合适时，再把引脚放置到原理图库中。如果引脚已经放置到原理图库中了，可以单击引脚选中，然后再单击空格键改变引脚的方向，修改好方向后，可以单击引脚拖动到合适的位置。

单击放置好的引脚以选中引脚，在编辑器界面的右侧会出现引脚属性面板，你可以在属性面板中修改引脚的名称、编号，还可以设置名称和编号是否显示。如果想把自己做的原理图库个性化一点，比如，可以通过设置引脚的颜色，把 VCC 引脚设置为红色，把 GND 引脚设置为黑色，其他引脚设置为蓝色。

**3. 线条**

在编辑器界面放置线条，这个“线条”工具不同于电气工具中的“导线”工具，这个“线条”工具是没有电气连接特性的，一般用于绘制原理图库的边框或者原理图中的模块分隔线。

单击已经放置好的线条，在编辑器右侧的属性面板中，可以修改线条的线宽、颜色、样式等参数。

**4. 贝塞尔曲线**

“线条”工具只能绘制直线，“贝塞尔曲线”工具可以绘制曲线，合理利用，就可以绘制出既实用又漂亮的原理图。比如，这里有一个小信号放大滤波的电路，你就可以在其中的某些关键点加上虚拟波形，使别人更容易地阅读你的原理图。

“贝塞尔曲线”工具和“线条”工具一样可以在属性面板中设置线宽、颜色、样式等参数。

**5. 圆弧**

“圆弧”工具用于绘制一段圆弧，圆弧是圆形或者椭圆的一部分，具有半径和中心属性。画好圆弧以后，如果不满意，可以通过右侧圆弧属性面板中的半径和中心等参数来设置。

**6. 箭头**

“箭头”工具用于在编辑器界面放置一个箭头，选中整个命令后，在界面中单击，一个箭头就放置下去了。单击箭头后，在界面右侧的箭头属性面板中修改大小、类型，也可以修改箭头的填充颜色。

当箭头附着在鼠标上以后，可以通过单击空格键改变箭头的方向。如果箭头已经放置到编辑器界面中，则可以单击箭头选中箭头后，再单击空格键修改它的方向，也可以在界面右侧的属性面板中修改箭头的方向。

**7. 文本**

“文本”工具用于在编辑器界面中放置文字。可以放置英文和中文，还可以设置文字的字体、大小、颜色等参数。这个工具一般用于在原理图中添加文字说明。

**8. 自由绘制**

其他的绘图命令，都是遵循一定的原则和规律的，而“自由绘制”工具则不同，使用“自由绘制”工具，就像使用一只笔一样，可以随意地不受约束地在界面中绘制。绘制好以后，可以修改它的线宽、颜色、样式等参数。

**9. 矩形**

“矩形”工具用于放置矩形。“矩形”工具会被经常用到，因为在绘制原理图库时，大部分的芯片都使用矩形框作为边框。

单击“矩形”工具后，第一次在编辑器界面单击放置的是矩形的左上角，第二次在编辑器界面单击放置的是矩形的右下角。

单击放置好的矩形，可以在右侧“矩形”属性面板中修改矩形的线宽、颜色、样式。属性面板中还有一个非常好的功能，就是矩形的圆角半径设置功能，矩形设置圆角半径后，会显得元件非常优美。

设置矩形填充颜色，也可以极大地使你的原理图库变得个性化。如图 2-17 所示，就是设置矩形填充颜色为黑色、引脚颜色为白色的原理图库，看起来就像是一个真实的芯片。

**10. 多边形**

“多边形”工具，用于绘制多边形，单击，就会多一条边，最终是一个封闭的多边形。单击绘制好的多边形，在界面右侧“多边形”属性面板中，可以修改线宽、颜色、样式、填充颜色等参数。

图 2-17　TTP224B 原理图模块

### 11. 椭圆○

“椭圆”工具，用于绘制椭圆或圆形。选择“椭圆”命令后，第一次单击，放置的是椭圆边的其中一个点，拖动直到椭圆的形状满意后，再次单击，一个椭圆就放置好了。

单击放置好的椭圆，在界面右侧“椭圆”属性面板中可以修改椭圆的线宽、颜色、样式、半径、中心等参数。

### 12. 饼形

“饼形”工具，用于绘制饼形，也可以叫做扇形。饼形，其实是椭圆的一部分。选择“饼形”工具后，第一次在界面中单击，放置的是椭圆的中心，拖动后；第二次单击，就固定好了椭圆的形状，以虚线显示；第三次单击，放置饼形的一条直边，拖动，直到饼形的形状满意；第四次单击，饼形就画好了。

单击绘制好的饼形，在界面右侧“饼形”属性面板中可以修改饼形的线宽、颜色、样式、半径、中心等参数。

### 13. 图片

“图片”工具，用于在编辑器界面中放置图片。可以放置网络上的图片，也可以放置本地计算机中的图片。在原理图编辑器界面，使用“图片”工具，可以在原理图中放置 logo。在原理图库编辑器界面，可以用元器件的实物图片加引脚工具，绘制出更加真实的原理图库，如图 2-18 所示。

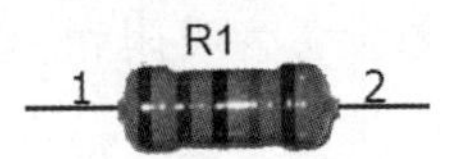


图 2-18　电阻原理图库

### 14. 拖移

单击“拖移”工具，光标变为手掌形状，然后用手掌单击一个元器件，这个元器件就会随着鼠标移动。如果不用这个工具拖移，可用鼠标一直点着这个元器件才会移动。

### 15. 画布原点

“画布原点”工具，用户重新设置原理图画布或者原理图库画布的原点。

## 2.3 画布表格信息

在原理图画布右下角有一个表格，在表格中显示了一些原理图的相关信息，比如标题、版本号、日期、作者，如图 2-19 所示。立创 EDA 会为我们默认显示各自的信息，不过，其中的每一个项目，都可以随时修改。

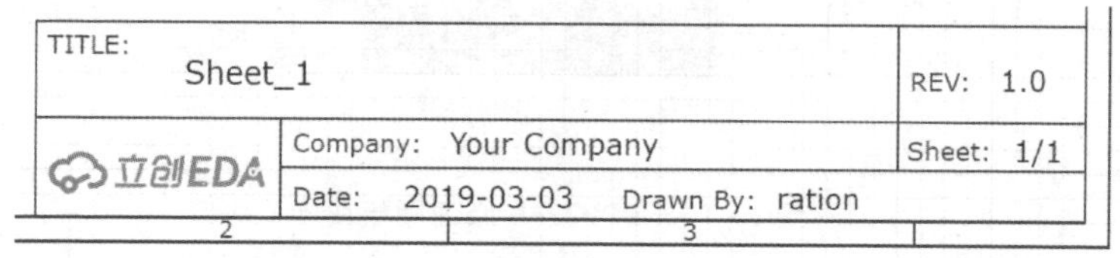


图 2-19 画布表格信息

在表格中需要修改的项目上面双击，会弹出修改窗口，在窗口中输入自己想写的内容就可以修改完成了。比如，你需要修改图 2-19 中的原理图标题，在“Sheet_1”上双击就可以修改了。

## 2.4 画布参数设置

在画布的空白处单击，会在界面的右侧出现“画布属性”面板，如图 2-20 所示。在画布属性中，可以设置画布的背景色、网格可见、网格颜色、网格样式、网格大小、是否吸附、栅格尺寸、ALT 键栅格等参数。“吸附”，指的是在放置元器件时，元器件引脚是否需要按照“栅格尺寸”对齐放置。如果将“吸附”设置为否，则原理图中的元器件将可以随意放置，不过，在画导线时，就会特别乱。所以，我们一般设置为吸附，特殊情况下，可以设置为非吸附以满足特殊需求。

图 2-20 “画布属性”面板

## 2.5 主题设置

通过主题设置，可以满足不同人群对审美的要求。主题设置命令位于主菜单中的“主题”菜单下。在“主题”菜单下，可以快捷的设置原理图为：原始主题、黑底白图、白底黑图和自定义主题，还可以单独对某个主题进行修改。

图 2-21 所示是原始主题样式，图 2-22 所示是黑底白图样式，图 2-23 所示是白底黑图样式。

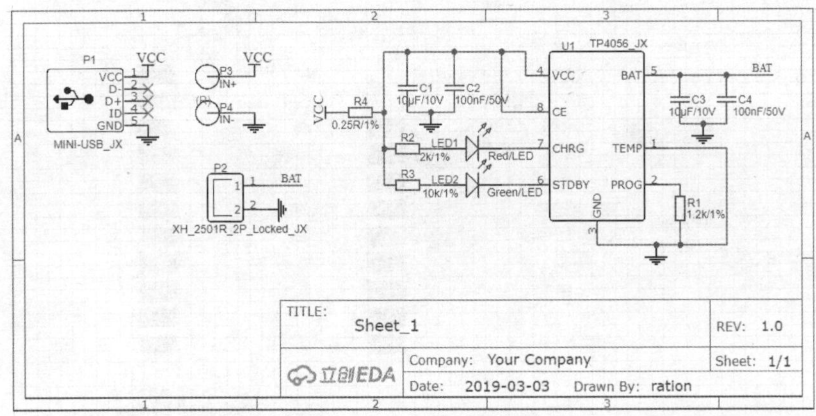


图 2-21 原始主题样式

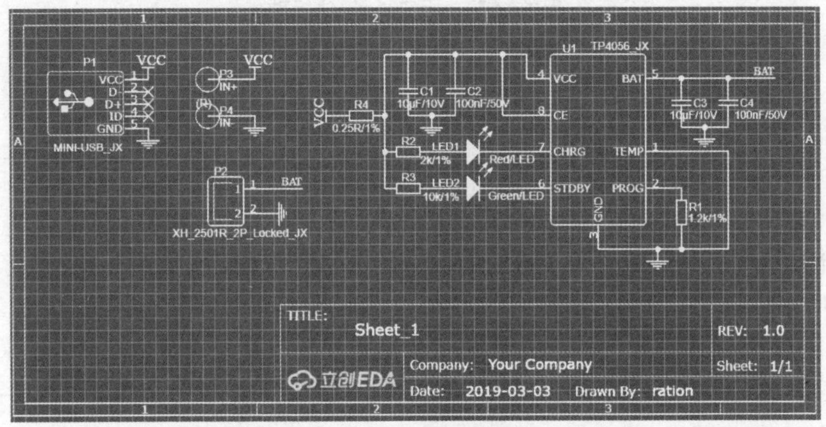


图 2-22 黑底白图样式

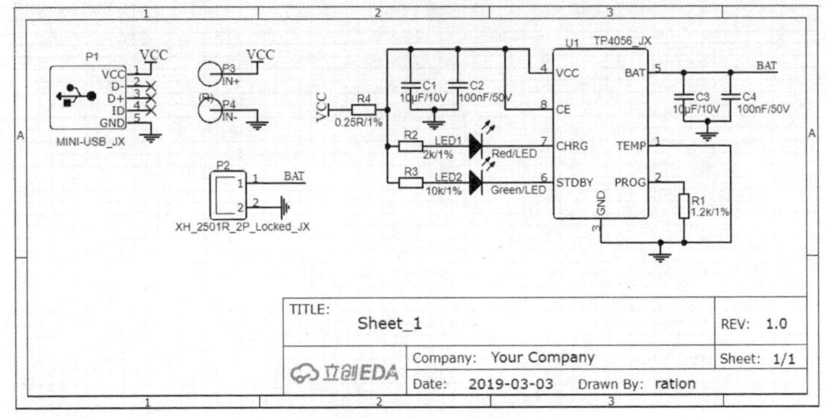


图 2-23 白底黑图样式

单击主菜单中的“主题”→“主题设置”命令，会弹出一个对话框，如图 2-24 所示。在这个对话框中，可以对这几种主题做进一步的个性化颜色修改。

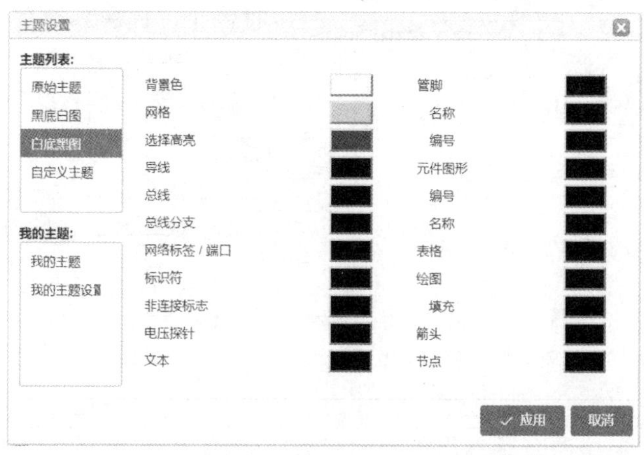


图 2-24 “主题设置”对话框

## 2.6 快捷键设置

就和名字一样,使用快捷键可以让你的操作更快捷,当你习惯使用快捷键以后,你就会发现使用鼠标操作是多么慢。

在主菜单中执行“配置”→“快捷键设置”命令,弹出的对话框如图 2-25 所示。在该对话框中,可以查看所有的快捷键操作,也可以修改为你习惯使用的快捷键方式,不过,还是建议使用默认的快捷键设置,因为默认的快捷键设置都是经过考量过的。如果你曾经修改过快捷键的设置,则可以通过单击“恢复全部默认快捷键”按钮来恢复默认设置。

快捷键设置

按 F11 切换到全屏模式

| 编号 | 文档类型 | 快捷键 | 功能 |
|---|---|---|---|
| 0 | 所有 | Space | 旋转所选图形 |
| 1 | 所有 | Left | 向左滚动或者左移所选图形 |
| 2 | 所有 | Right | 向右滚动或者右移所选图形 |
| 3 | 所有 | Up | 向上滚动或者上移所选图形 |
| 4 | 所有 | Down | 向下滚动或者下移所选图形 |
| 5 | 所有 | Ctrl+X | 剪切 |
| 6 | 所有 | Ctrl+C | 复制 |
| 7 | 所有 | Ctrl+V | 粘贴 |
| 8 | 所有 | Delete | 删除所选 |
| 9 | 所有 | Backspace | 撤销到上次绘制 |
| 10 | 所有 | Ctrl+A | 全选 |
| 11 | 所有 | Esc | 取消绘制 |
| 12 | 所有 | Ctrl+Z | 撤销 |
| 13 | 所有 | Ctrl+Y | 重做 |
| 14 | 所有 | Ctrl+S | 保存 |

恢复全部默认快捷键　保存修改　取消

图 2-25 “快捷键设置”对话框

# 第3章 PCB设计基础

## 3.1 什么是 PCB

PCB,英文全称 Printed Circuit Board,中文名称为印刷电路板,不过,我们在交流的时候习惯使用英文简称"PCB"。

当你拆开一个电子产品后,你会看到产品中的电路板,在电路板上焊接有很多的电子元器件。如果去掉所有的电子元器件,剩下的就是一张 PCB。PCB 板子,是 PCB 制造工厂按照你做的 PCB 文件制造出来的。到这里,你就可以明白了,PCB 就是电子元器件的载体,在 PCB 上,有很多的线路,负责连接各个电子元器件,它们在一起组成的电路,负责完成一定的功能。

比较简单的电路板,可以直接画 PCB 文件,不过,大部分应用中,尤其是电路比较复杂时,就必须要先做原理图文件,再由原理图文件生成 PCB 文件。我们使用立创 EDA 软件的最终目的,就是制作出 PCB 文件。

一个稳定的电路系统,不仅取决于原理图设计的合理性,而且还取决于 PCB 设计的合理性。如果 PCB 设计不合理,即使原理图设计得非常合理,也会影响电路系统的性能,有时甚至会导致不能正常工作。由于 PCB 设计出现的问题一般是干扰和散热等问题,从 PCB 设计来考虑,就是元器件布局与导线线宽、导线距离、导线走法等问题。我们在设计 PCB 的过程中,就应该不断地吸取经验和教训,使我们的电路系统越来越稳定。

## 3.2 什么是 PCB 封装

封装的英文是 footprint,foot 为引脚,print 为印刷。从英文单词就可以理解,封装是一种引脚印刷标准。封装技术是随着印刷电路板的诞生而逐渐发展起来的。在印刷电路板的发展过程中,各种电子元器件逐渐形成了自己的印刷标准,你可以简单地理解为元器件的外形标准。实际上,是与引脚形状、引脚间距相关的国际标准。电子元器件的生产商都根据封装标准来生产,不同功能的电子元器件,使用适合的封装标准来生产。虽然电子元器件的种类非常多,但是封装标准却没有多少。如果每一种电子元器件都有不同的封装,那么就需要把每一种电子元器件的封装库绘制一遍,这是非常耗费时间的。封装标准化以后,很多不同功能的电子元器件就可以共用一种封装,极大地节省了我们绘制 PCB 的时间。

如图 3-1 所示,左边是一张 PCB 空板,没有焊接电子元器件,右边是焊接好电子元器件的电路板。左右对照一下,可以发现,封装其实就是电子元器件的引脚焊盘组合。封装中,焊盘的尺寸会比实际的电子元器件引脚稍微大一些,以保证引脚可以牢固地焊接到 PCB 上。各个焊盘的间距,是与真实的电子元器件引脚间距一模一样的,否则,电子元器件就无法正常地焊接到 PCB 上了。只有正确地绘制好电子元器件的封装库,电子元器件才可以正确地焊接到电路板上。

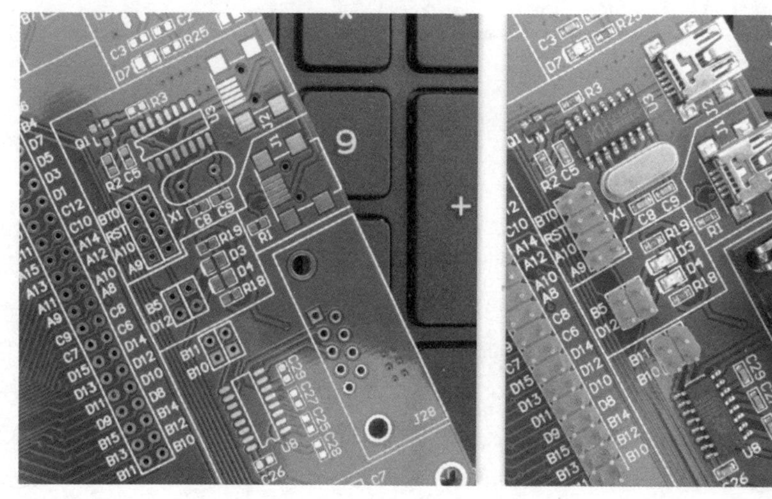


图 3-1 没有焊接元器件的 PCB 与焊接好元器件的 PCB

## 3.3 PCB 编辑器

PCB 编辑器界面如图 3-2 所示,中间是 PCB 绘制区域,上边是主菜单栏,左边是导航菜单栏,右边是属性面板,在绘制区域还会有“PCB 工具”和“层与元素”悬浮窗口。

### 3.3.1 主菜单栏

PCB 编辑器的主菜单栏如图 3-3 所示,大部分菜单命令已经在介绍原理图编辑器主菜单栏时讲解过了。现在来看一下 PCB 编辑器界面主菜单栏中的其他菜单命令。

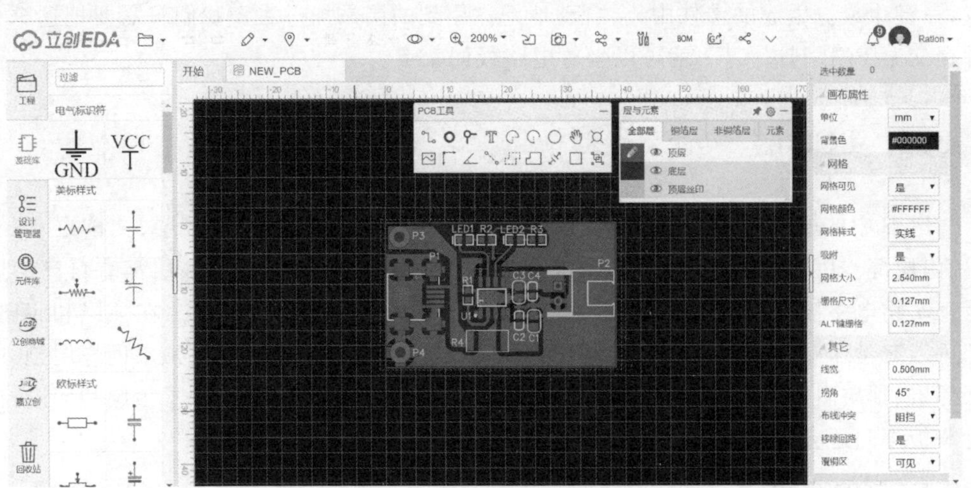


图 3-2　PCB 编辑器界面

图 3-3　PCB 编辑器界面主菜单栏

### 1. “导入修改信息”菜单

在绘制 PCB 的过程中，有时会发现原理图中存在某些问题，比如经常有导线连接错误问题，这时需要修改原理图，在修改了原理图之后，即可使用这个命令把原理图中修改的内容同步到 PCB 中。

### 2. “预览”菜单

“预览”菜单下面有两个子菜单，分别是“照片预览”和“3D 预览”。这个菜单的作用是能把绘制好的 PCB 虚拟成实物对其进行观察。其中，照片预览是 2D 效果，可以虚拟出电路板的正面和背面的效果。3D 预览，不仅可以看到虚拟实物的正面和背面，还可以从三维的角度来观察虚拟实物电路板。

### 3. “布线”菜单

“布线”菜单下面有三个子菜单，分别是“自动布线”、“差分对布线”和“线长调整”。把 PCB 的元器件摆放好后，就可以布线了。布线分为手动布线和自动布线两种情况，手动布线就是用“导线”工具手动连接元器件之间的引脚，自动布线是由软件利用一定的算法对 PCB 元器件引脚进行连接。自动布线的速度要比手动布线快很多，但是自动布线可能满足不了我们的要求。以上两种布线的方法，大家可以自行根据需求选择或者结合起来使用。

### 4. “生成制造文件”菜单

Gerber 文件是生产用的文件，这个菜单可以用于生成 Gerber 文件，无需复杂的配置，一键生成。生成的文件中，会自动地把你用到的层添加进去。我们只需要把这个文件提交给 PCB 制造工厂，就可以坐等电路板回家了。

### 3.3.2 PCB 层

PCB 中的层分为顶层、底层、丝印层、边框层、助焊层、阻焊层、多层、文档层、飞线层、内层等。PCB 文件，实际上是由这么多层堆叠在一起的效果，每一层都有自己的用途。实物电路板有两面：顶面和底面，对应 PCB 文件中的顶层与底层。在顶层和底层，都可以有丝印层、助焊层、阻焊层，所以会有顶层丝印层、底层丝印层、顶层助焊层、底层助焊层、顶层阻焊层、底层阻焊层。如果是 4 层以上的多层电路板，除了顶层和底层，在电路板中间还会有内层。

**1. 层的介绍**

① 顶层/底层：PCB 板子顶面和底面的铜箔层，信号走线用。

② 内层：铜箔层，信号走线和铺铜用。

③ 顶层丝印层/底层丝印层：印在 PCB 板的白色字符层。

④ 顶层助焊层/底层助焊层：该层是给贴片焊盘制造钢网用的层，帮助焊接。若做的板子不需要贴片，则这个层对生产没有影响。

⑤ 顶层阻焊层/底层阻焊层：板子的顶层和底层盖油层，一般是绿油，绿油的作用是阻止不需要的焊接。该层属于负片绘制方式，若有导线或者区域不需要盖绿油，则在对应的位置进行绘制，PCB 在生成出来后这些区域将没有绿油覆盖，方便上锡等操作，该动作一般被称为开窗。

⑥ 边框层：板子形状定义层。定义板子的实际大小，板厂会根据这个外形进行生产板子。

⑦ 顶层装配层/底层装配层：元器件的简化轮廓，用于产品装配和维修。用于导出文档打印，不对 PCB 板制作有影响。

⑧ 机械层：记录在 PCB 设计里面在机械层记录的信息，仅做信息记录用。生产时默认不采用该层的形状进行制造。一些板厂再使用 AD 文件生产时会使用机械层做边框，当使用 Gerber 文件在嘉立创生产该层仅做文字标识用。比如：工艺参数、V 割路径等。在立创 EDA，该层不影响板子的边框形状。

⑨ 文档层：与机械层类似，但该层仅在编辑器可见，不会生成在 Gerber 文件里。

⑩ 飞线层：PCB 网络飞线的显示，这个不属于物理意义上的层，为了方便使用和设置颜色，故放置在层管理器进行配置。

⑪ 孔层：与飞线层类似，这个不属于物理意义上的层，只做通孔（非金属化孔）的显示和颜色配置用。

⑫ 多层：与飞线层类似，金属化孔的显示和颜色配置。

⑬ 错误层：与飞线层类似，为 DRC（设计规则错误）的错误标识显示和颜色配置用。

## 2. 层的设置

“层与元素”悬浮窗口位于PCB编辑器界面和PCB库编辑器界面，如图3-4所示。单击悬浮窗口右上角的最小化图标，可以隐藏层工具，也可以通过主菜单“查看”→“层工具”命令来彻底打开和关闭层工具。单击“图钉”按钮可以固定层工具，这个按钮决定了层工具是否可以自动展开和收起。层工具右下角的小三角图标可以拖动调整层工具的高度和宽度。

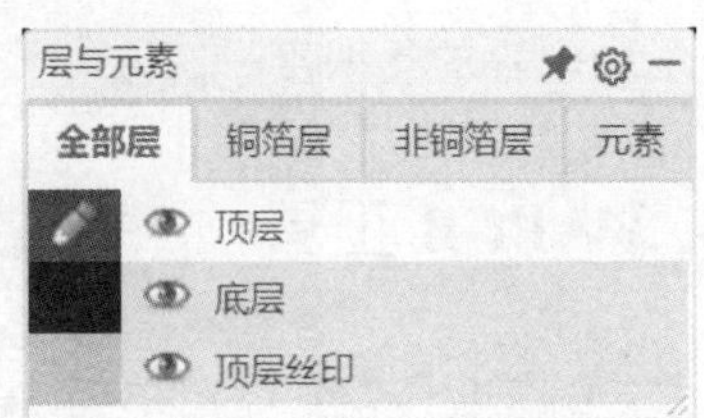


图3-4　“层与元素”悬浮窗口

把鼠标放到“层与元素”悬浮窗口中，会自动展开所有的层。在悬浮窗口中有四个选项卡，分别是：全部层、铜箔层、非铜箔层、元素。“全部层”包含“铜箔层”和“非铜箔层”。“元素”里面的列表内容与“PCB工具”悬浮窗口中的内容一致，可以用来控制这些工具绘制出的内容显示与否，是一个非常实用的功能。当切换到“元素”选项卡时，可以通过单击“眼睛”图标来显示或者隐藏对应的元素，“眼睛”图标左边的小勾图标表示是否可以通过鼠标对画布相应的元素进行操作。如果取消“编号”签名的选择，则在画布中将无法选中任何一个编号。

单击“层”工具中最左边的颜色框，即可在不同的层之间进行切换，铅笔位于哪个颜色框内，就代表位于哪个层，颜色代表对应层中内容的颜色。

单击“层”工具中的“眼睛”图标，可以控制对应层的显示或不显示。出现“眼睛”图标，表示这个层可以在编辑器界面中显示；关闭“眼睛”图标，表示这个层在编辑器界面中隐藏。

单击“层”工具右上角的设置图标，可以打开“层设置”对话框，如图3-5所示。“铜

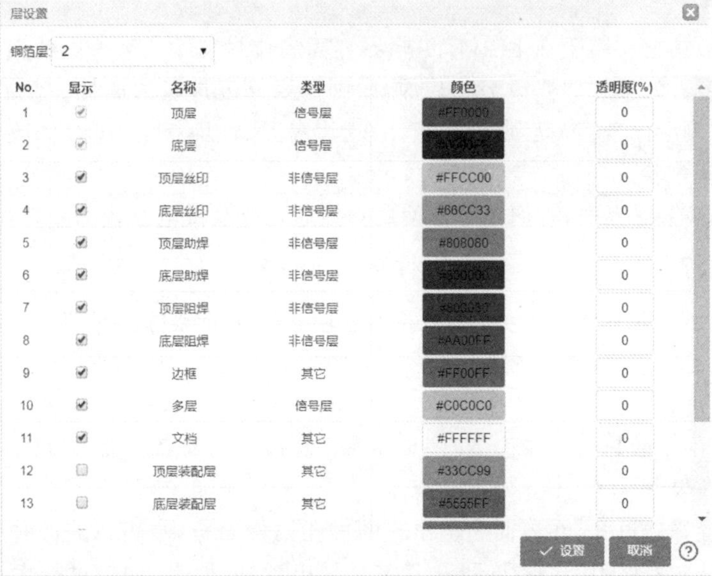

层设置

铜箔层：2

| No. | 显示 | 名称 | 类型 | 颜色 | 透明度(%) |
|---|---|---|---|---|---|
| 1 | ✓ | 顶层 | 信号层 | #FF0000 | 0 |
| 2 | ✓ | 底层 | 信号层 | [illegible] | 0 |
| 3 | ✓ | 顶层丝印 | 非信号层 | #FFCC00 | 0 |
| 4 | ✓ | 底层丝印 | 非信号层 | #66CC33 | 0 |
| 5 | ✓ | 顶层助焊 | 非信号层 | [illegible] | 0 |
| 6 | ✓ | 底层助焊 | 非信号层 | [illegible] | 0 |
| 7 | ✓ | 顶层阻焊 | 非信号层 | [illegible] | 0 |
| 8 | ✓ | 底层阻焊 | 非信号层 | #AA00FF | 0 |
| 9 | ✓ | 边框 | 其它 | #FF00FF | 0 |
| 10 | ✓ | 多层 | 信号层 | #C0C0C0 | 0 |
| 11 | ✓ | 文档 | 其它 | #FFFFFF | 0 |
| 12 | ☐ | 顶层装配层 | 其它 | #33CC99 | 0 |
| 13 | ☐ | 底层装配层 | 其它 | #5555FF | 0 |

设置　取消

图3-5　“层设置”对话框

箔层”选项用于设置 PCB 的层数，默认是两层 PCB，如果想做多层板，则在这里选择即可，最多支持 34 层板。“显示”列表中的复选框，用于设置每一个层是否显示在“层”悬浮窗口中。单击“颜色”列表中的颜色框，可以设置对应层的颜色。“透明度”用于设置对应层中内容的透明度。

### 3.3.3 PCB 工具

“PCB 库工具”位于 PCB 库编辑器界面，“PCB 工具”位于 PCB 编辑器界面，如图 3-6 所示。PCB 库工具用于制作封装库，PCB 工具用于制作 PCB。两者命令大部分相同，下面介绍这些命令的用途。

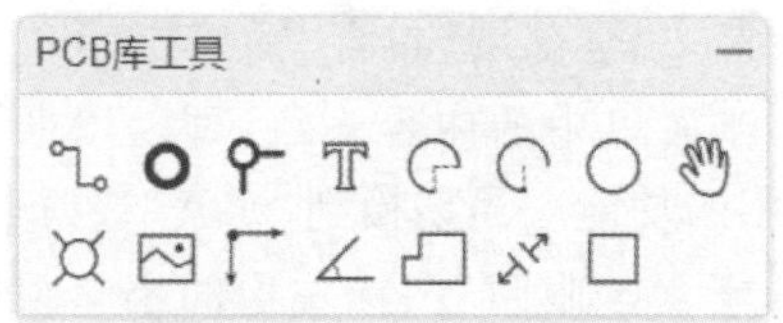

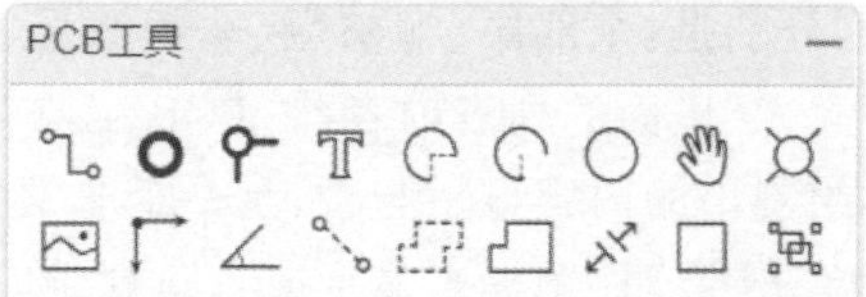


**图 3-6　PCB 库工具与 PCB 工具**

#### 1. 导线

“导线”工具一般用于连接元器件之间的引脚，在 PCB 设计界面，导线是使用最多的工具，一般用于顶层和底层的绘制。如果在其他层，“导线”工具就不具备电气特性了。比如，在丝印层，“导线”工具用于绘制丝印；在边框层，“导线”工具用于绘制边框。

#### 2. 焊盘

“焊盘”工具主要用于在 PCB 库编辑器界面制作封装库。第一次使用，放置的焊盘为直插通孔型。如果想要修改为贴片焊盘，则需要修改焊盘的属性。在需要的焊盘上单击，界面右侧会出现“焊盘”属性面板。在“焊盘”属性面板上，可以修改焊盘的层、编号、形状、尺寸等参数。

在 PCB 编辑器界面，人们也经常使用直插通孔焊盘做电路板的安装孔。

#### 3. 过孔

过孔，外形与通孔焊盘类似，但是并不是用于焊接元器件的引脚。在 PCB 绘制导线时，大多数情况下，导线只在顶层是走不通的，所以需要从底层绕着走，从顶层到底层，就需要用过孔来连接。

过孔，还用于散热、抗干扰。在一个发热比较严重的焊盘上面，多增加一些过孔，可以增加散热效果。

单击放置好的过孔，在界面右侧出现的过孔属性面板中，可以修改过孔的外径、内径等参数。从过孔的作用来看，过孔其实是越小越好，但是，如果过孔太小，PCB 制造工厂难以达到其工艺，因此，过孔内径一般不要小于 0.4 mm；而外径与内径的差不要

小于 0.2 mm，如果外径与内径的差太小，则容易断，起不到连接的作用。具体的工艺要求，可以向 PCB 制造工厂咨询。

### 4. 文字 𝕋

文字一般放到丝印层，用于放置电路板的名称、版本号等内容。也可以放到铜箔层（顶层或底层），进行开窗处理，最后变成银色（喷锡工艺）或金黄色（沉金工艺）文字。

### 5. 通孔 ¤

“通孔”工具，用于在 PCB 中放置安装孔。单击放置好的安装孔，可以在界面右侧出现的孔属性面板中修改孔的直径。孔图形的四个伸出的小线段仅做显示用，不影响通孔的形状。

### 6. 图片

“图片”工具，一般用于放置公司的 logo 到电路板上。与“文字”工具一样，可以放置到丝印层，也可以放置到铜箔层再开窗。支持 JPG、PNG、GIF、BMP、SVG 格式的图片，可以设置颜色容差、简化水平、是否反转、图片尺寸等参数。导入 PCB 文件后，还可以随意拖动文件的尺寸，使用起来非常方便。

### 7. 量角器 ∠

“量角器”是一个非常实用的工具，选择“量角器”工具后，在编辑器界面单击，然后就可以用鼠标拉出一条直线，这条直线就是角的一条边，然后再拖动，就可以看到角的第二条边在围绕角移动，在合适的位置单击，就把这两条边的角度显示出来了。

### 8. 连接焊盘

“连接焊盘”工具是 PCB 编辑器界面的工具。在画一些比较简单的电路板时，可以直接画 PCB。但是，因为只有两个网络名称相同的焊盘才能够连接在一起，而直接摆放的焊盘是没有网络名称的，所以直接画 PCB 无法用“导线”工具连接两个焊盘，这时，就需要使用这个“连接焊盘”工具连接两个焊盘，连接好线后，就会发现两个焊盘的网络名称就一样了，然后就可以使用“导线”工具连接两个焊盘了。

### 9. 覆铜

“覆铜”工具是 PCB 编辑器界面的工具。覆铜是绘制 PCB 最常用的操作，一般用于导线连接好后，给整个电路板没有导线的地方放置 GND 块。“覆铜”工具可以用于顶层和底层，它是一个多边形工具，用鼠标在电路板上放置好多边形以后，右击取消命令，就会自动形成一个网络为 GND 的覆铜区域。单击覆铜线框，可以在右侧出现的属性面板中修改覆铜的参数。

下面详细描述覆铜属性。层：可以修改覆铜为顶层或底层；名称：给覆铜起名称，一般不用写；网络：修改覆铜的网络，一般是 GND，也可以修改为其他的网络；间距：指的是覆铜与导线或者引脚之间的距离；焊盘连接：可以选择发散或直连，是指覆铜与覆铜区域内部的焊盘的连接方式；保留孤岛：可以选择“是”或“否”，孤岛是指孤立的 GND

块;填充样式:可以选择“无填充”“全填充”“网格”。这些选项,可以根据自身的产品需求来选择。

**10. 实心填充**

“实心填充”工具与“覆铜”工具的操作方法类似。但“实心填充”可以放到任何一层,而覆铜只能放到顶层和底层。“实心填充”有 3 种类型:全填充、无填充、槽孔。这 3 种类型,可以通过右侧的“实心填充”属性面板来修改。一般用这个工具给 PCB 开矩形孔以及不规则孔。

**11. 尺寸**

“尺寸”工具,用于给 PCB 标注尺寸,可以用于 PCB 边框尺寸标注、安装孔尺寸标注、元器件距离尺寸标注等。

**12. 组合解散**

“组合解散”工具是一个非常实用的工具,在原理图编辑器界面和 PCB 编辑器界面都有,且使用方法都一样。下面介绍“组合解散”工具在 PCB 设计界面的使用方法。

总的来说,“组合解散”工具是为了方便在 PCB 编辑器界面修改封装库,也可以用这个工具在 PCB 界面制作封装库。

在 PCB 编辑器界面,单击封装内部,等到该元器件的整体颜色变成白色,选中这个元器件,如图 3-7 所示。

在“电气工具”悬浮窗口中,单击“组合解散”命令,这个元器件就被打散了,这时,即可单独修改这个元件库的焊盘和边框等元素,与在 PCB 封装库编辑器界面一样操作。当修改好后,把鼠标放到元器件左上角按住左键一直拉到元器件的右下角,选中整个元器件,然后再次单击电气工具中的“组合解散”命令,弹出一个对话框,如图 3-8 所示。写入编号和名称,单击“确定”按钮,这时元器件就又变成一个整体了。

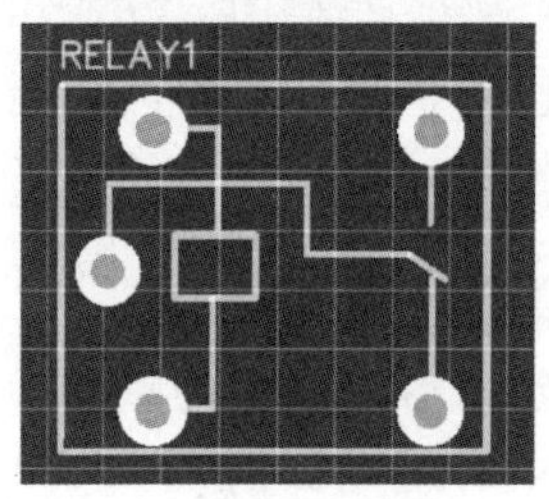


**图 3-7 选中元器件**

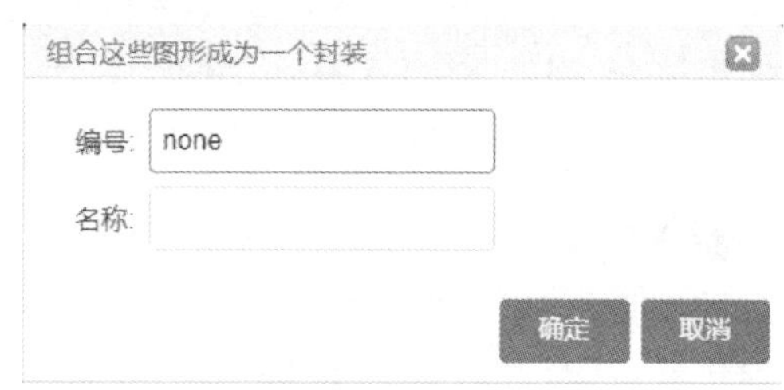


**图 3-8 单击“组合解散”命令后弹出的对话框**

也可以在 PCB 编辑器中使用 PCB 工具中的“焊盘”“矩形”“圆形”“圆弧”等工具,直接在 PCB 编辑器界面做一个 PCB 封装库,做好后,选中全部,单击“组合解散”按钮,输入名称和编号,一个 PCB 封装库就做好了。

## 3.4 画布属性设置

PCB 编辑器的画布，与原理图编辑器一样，位于浏览器的中间。PCB 编辑器的画布，默认是由黑色的背景加白色的网格组成的。通过网格线的显示，可以很容易找到画布的原点，其中网格的间距，也是可以设置的。

在黑色画布中单击，即可看到在浏览器的右侧出现了“画布属性”面板，如图 3-9 所示。

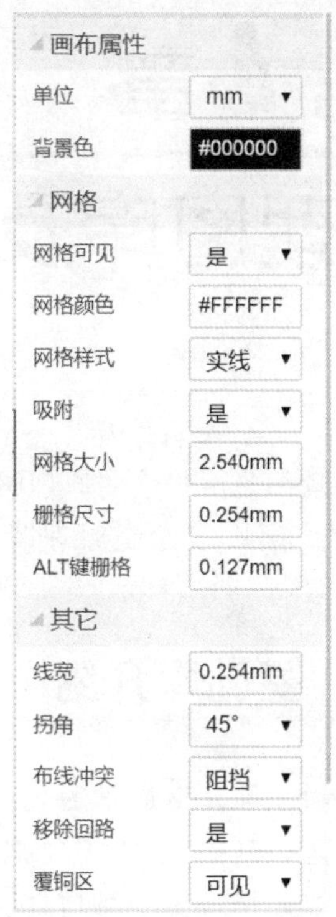

**图 3-9 PCB 绘制“画布属性”面板**

绘制 PCB 之前，需要先修改好尺寸单位，在画布属性中，有 3 种单位可选，分别是 mil、inch、mm。其中，mil 中文译为密耳，inch 中文译为英寸，mm 是毫米。1 英寸等于 1 000 密耳，1 英寸等于 25.4 毫米。绘制 PCB 时，可以选定自己习惯的单位或者公司要求的单位。

画布的背景色默认是黑色，可以通过“画布属性”修改为你所喜欢的颜色。

画布中的白色网格，是为了方便对元器件进行布局定位，如果需要隐藏白色网格，可以把“画布属性”面板中的“网格可见”设置为“否”。另外，还可以设置网格颜色、网格样式、网格大小、栅格尺寸等。

在画布中，还可以设置默认导线的线宽、导线的拐角，是否移除回路等参数。

# 第 4 章

# 原理图库及 PCB 封装库的制作

原理图是由很多的原理图库加导线构成的;PCB 图是由很多的 PCB 封装库加导线构成的。看来,要绘制原理图和 PCB 图,就需要先将用到的原理图库和 PCB 封装库做好。

## 4.1 基础库介绍

经过了前几章的学习,我们已经了解了电路板的制作流程。其中说到,需要把每一个用到的元器件都做好库。如果每做一种电路板,都需要把所有的元器件库画一遍,那么工作量就大了。由于在电路中,有很多元器件会经常被用到,比如电容、电阻等元器件,可以说是每一块电路板上必须用到的电子元器件,因此这种常用电子元器件的库,只需要画好一次,就可以重复使用了。

立创 EDA 设计软件,已经把一些常用的原理图库做到基础库中,如图 4-1 所示。

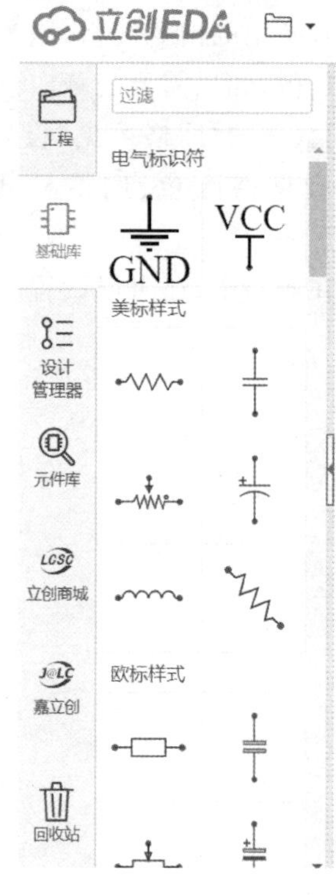


图 4-1 基础库

在导航面板中,单击“基础库”图标,就可以在基础库的右侧展开所有的基础库,其中包括电气标识符、美标样式电阻电容电感、欧标样式电阻电容电感、电源、连接器、开关、继电器、二极管、晶体管、稳压器、变压器以及一些杂项。

把鼠标放到基础库的任意一个元件上,在元件的右下角会出现一个三角形图标,表示这个元件还有很多扩展,单击这个三角形,就会看到该元器件的所有扩展,如图 4-2 所示,是各种 PIN 数的双排母列表。

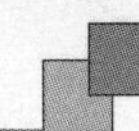

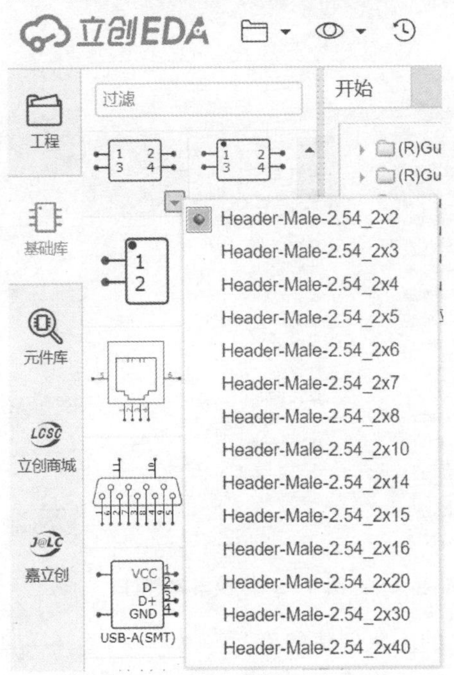


图 4-2　基础库中各种 PIN 数的双排母

在扩展的元件库中选择一个你需要的元器件单击，基础库中的该元器件就会变成你刚才选择的，然后再单击该元器件，就可以放到原理图中了。

## 4.2　元件库介绍

如果基础库中没有你想要的元器件，那就要到“元件库”中找。单击导航菜单中的“元件库”，会打开“搜索库”窗口，如图 4-3 所示。

立创 EDA 的元件库是共享的，用户越多，元件库的种类就越全。只需要通过一个搜索窗口，就可以把它们找出来。在搜索窗口中，输入你想要的元器件名称或者封装名称，单击搜索图标，就可以在搜索结果窗口中浏览你想要的原理图库或者 PCB 库。元件库共有 4 种类型，包括：原理图库、PCB 库、原理图模块、PCB 模块。你想要搜索哪种库文件，就单击对应的名称。比如，你要搜索一个 PCB 库，就单击“PCB 库”。

立创 EDA 把库别也做了区分，它们分别是：个人库、立创商城库、立创贴片库、系统库、团队库、关注库和用户贡献。

- 个人库：指你自己创建的库或者复制别人的库。
- 立创商城库：指立创商城团队创建的库。
- 立创贴片库：指支持嘉立创 SMT 贴片生产的库。
- 系统库：指立创 EDA 团队创建的库。

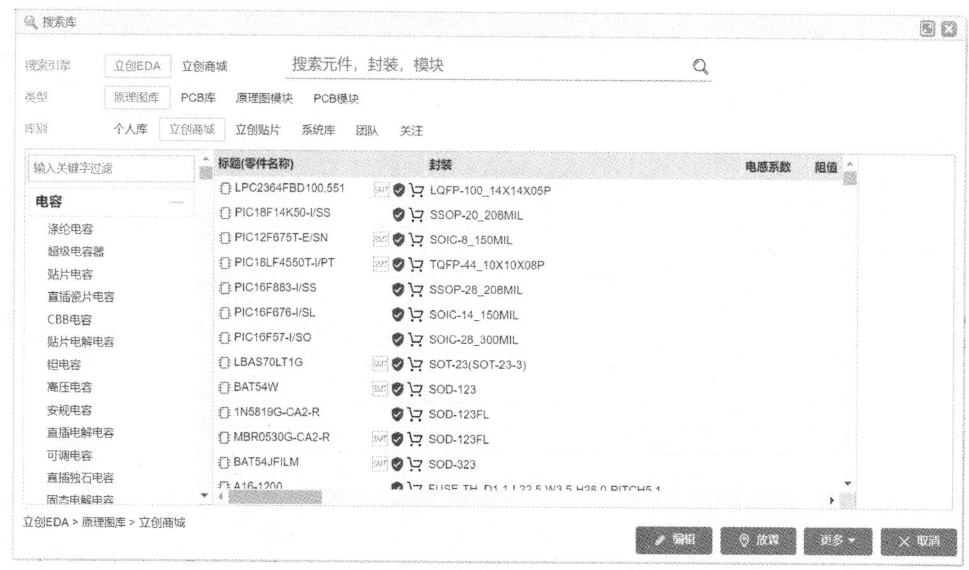


图 4-3 “搜索库”窗口

➢ 团队库：指你所在的团队创建的库。

➢ 关注库：指你关注的用户或者团队创建的库。

➢ 用户贡献库：需要搜索后才会出现，使用用户贡献库需要仔细检查。

单击任何一个库名称，就可以在这个窗口中显示该元件的原理图库和 PCB 库的简略图，如果是立创商城库，还可能会有实物图，如图 4-4 所示，单击 LPC2364FBD100 元器件，就会在窗口的右侧出现该元器件的原理图库、封装库和实物图。如果库别是“立创商城”，还会在窗口的底部显示该元器件的样品价格等数据。

图 4-4 LPC2364FBD100 元件库

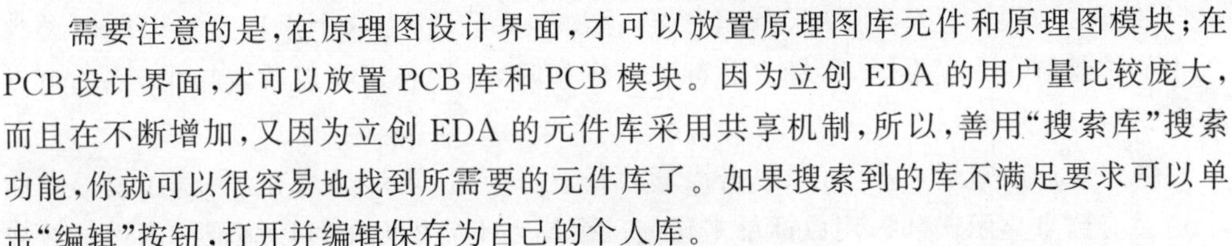

需要注意的是，在原理图设计界面，才可以放置原理图库元件和原理图模块；在 PCB 设计界面，才可以放置 PCB 库和 PCB 模块。因为立创 EDA 的用户量比较庞大，而且在不断增加，又因为立创 EDA 的元件库采用共享机制，所以，善用“搜索库”搜索功能，你就可以很容易地找到所需要的元件库了。如果搜索到的库不满足要求可以单击“编辑”按钮，打开并编辑保存为自己的个人库。

## 4.3　示例：绘制 LM358 原理图库

下面通过一个示例来看看如何绘制原理图库。

LM358 是一种常用放大器 IC，广泛应用于多种电路中，所以，这个元器件的库当然已经存在于元件库中了。不过，还是可以通过这个典型的 IC，来亲自用两种常用方法绘制一下它的原理图库，一种是一般绘制方法，另一种是带有子部件的绘制方法。

在 LM358 的数据手册上，可以找到这个元件的引脚描述图，如图 4－5 所示。一般情况下，我们绘制任何元器件的原理图库，都需要找到它的引脚描述图。注意，一定要在芯片的官方手册上寻找芯片的引脚描述图。

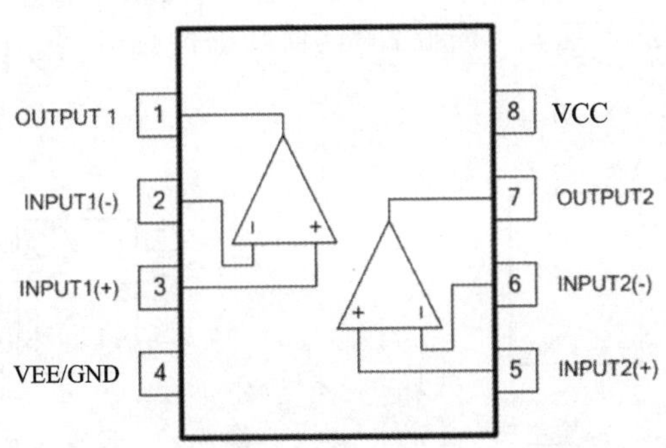


图 4－5　LM358 引脚描述图

### 4.3.1　一般绘制方法

一般情况下，我们会根据元器件的引脚描述图来绘制原理图，绘制好以后的原理图库和数据手册上的引脚描述图基本上是一样的。比如 LM358 引脚图，我们放置一个矩形和八个引脚就可以完成。

#### 1. 放置矩形

在绘图工具中单击“矩形”图标，鼠标上会附着一个十字光标。在原理图某个位置上单击，就会放置矩形的左上角，一般情况下，我们把左上角放到画布的原点。用鼠标单击然后移动鼠标，就会有一个矩形跟随变大变小。这时，光标的位置就代表矩形的右下角，选定一个合适的位置，单击，就会形成一个矩形。什么是合适的位置？目测大概可以放下 8 个引脚就可以，如果判断失误，也没有关系，因为这个矩形是可以随时调整大小的。绘制一个矩形后，鼠标上还有十字光标附着，代表还可以放置矩形，我们可以右击，就会取消命令。

如果想修改矩形大小，可以单击矩形的任意一个边，矩形呈高亮，同时在矩形的四个角会有锚点显示，这时，用鼠标单击任何一个锚点不要松开就可以用拖拽的方式改变矩形的大小了。一般情况下，我们需要先放置引脚，然后再根据引脚的位置调整矩形。如果想删除矩形，那么选中矩形以后，按 Delete 键就可以了。

### 2. 放置引脚

在绘图工具中单击“引脚”图标，一个引脚就会附着到鼠标上。依照 LM358 的引脚描述图，我们需要把第一个引脚放到矩形的左上角。仔细观察引脚，你会发现引脚上有一个小圆圈，这个小圆圈代表的是电气连接点，为了在原理图中绘制时进行电气连接，我们需要把引脚的电气连接点朝外放置，如图 4－6 所示。当引脚还在鼠标上附着时，按空格键，就可以更改引脚的方向。当电气连接点朝外以后，把引脚放到矩形的对应位置单击就可以了。

依照同样的方法，再把其他 7 个引脚放置到对应的位置，左边的引脚顺序是从上到下，右边的引脚顺序是从下到上。当放置完引脚以后，右击，取消引脚放置命令。最后的结果如图 4－7 所示。

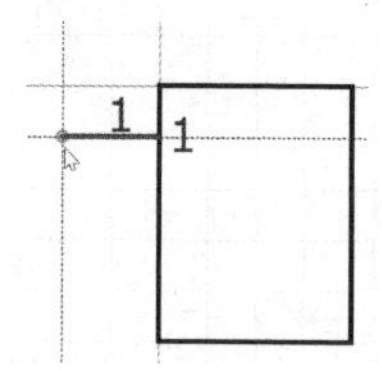


**图 4－6　放置引脚**

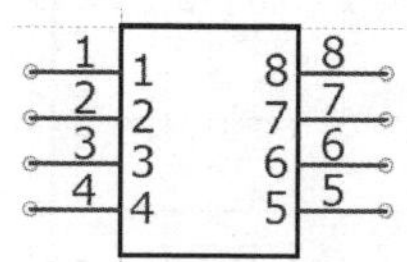


**图 4－7　放置完 8 个引脚**

接下来，需要修改引脚的名称。修改原理图引脚的名称，并不是给原理图引脚赋予什么功能，完全是为了我们画原理图时辨认引脚，以及让别人能够看懂你的原理图。需要注意的是，原理图库的引脚序号和 PCB 封装的引脚序号是关联在一起的。

在第一个引脚上单击，就会在界面右侧出现引脚属性面板，依照 LM358 的引脚描述图，把名称修改为 OUTPUT1。然后按照引脚描述图依次修改其余的引脚名称，修改好名称以后，可能还需要调整引脚间距或者矩形大小。放置到界面的引脚，可以用鼠标拖拽修改位置。最终的效果如图 4－8 所示。

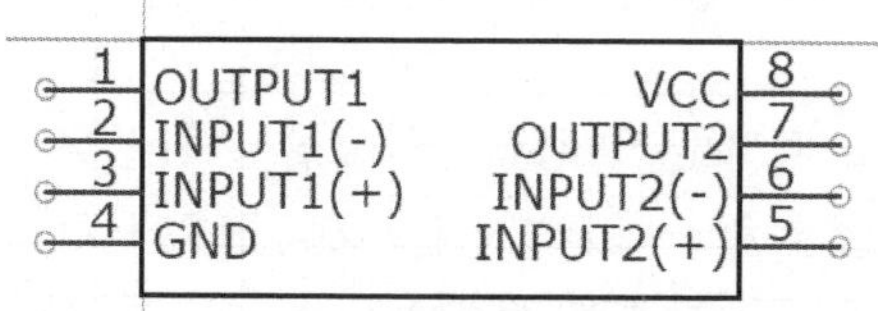


**图 4－8　LM358 原理图库**

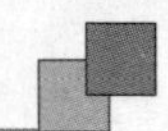

绘制原理图库需要遵循一些大家共同的习惯，以及美观的要求。如图 4-8 所示，左边的一排引脚和右边的一排引脚的名称，不要重叠在一起，也不要相隔太远。

默认设置，引脚会被吸附在网格上，选择“引脚”工具后，移动鼠标，会看到引脚在网格的线上移动，但不会移动到网格的线之间。这样放置好的引脚，在绘制原理图时，导线就会非常工整。如果你放置引脚时，引脚没有被网格吸附，则可以通过设置界面右侧“画布属性”中的“吸附”为“是”。

如果没有特殊要求，上下两个引脚要放置到相邻的网格线上，如果大家都遵循这个习惯，那么在原理图中绘制好的图就比较美观。

### 3. 保存原理图库

执行主菜单命令“文件”→“保存”，会弹出一个对话框。在这个对话框中，我们需要把标题修改为 LM358，这就是刚才画好的元件的名称，需要时可以直接在元件库中输入这个关键字即可搜索到这个原理图库。其他的几个文本框可以不用理会。不过，如果你用好了其他的几个参数，则会让你的工作事半功倍。

在给原理图库起名字时，需要注意的是，你做好的元件库会放到“个人库”，在“个人库”里面，不能存在名称相同的原理图库。

### 4. 修改元件库的封装

在画布空白处单击，右侧会出现画布属性和自定义属性。在自定义属性中，我们可以看到刚才保存时定义好的元件名称。这里我们还要着重修改两个地方，一个是默认封装，另一个是标识编号。

在封装输入窗口中单击，会弹出“封装管理器”窗口，如图 4-9 所示。在“搜索”文

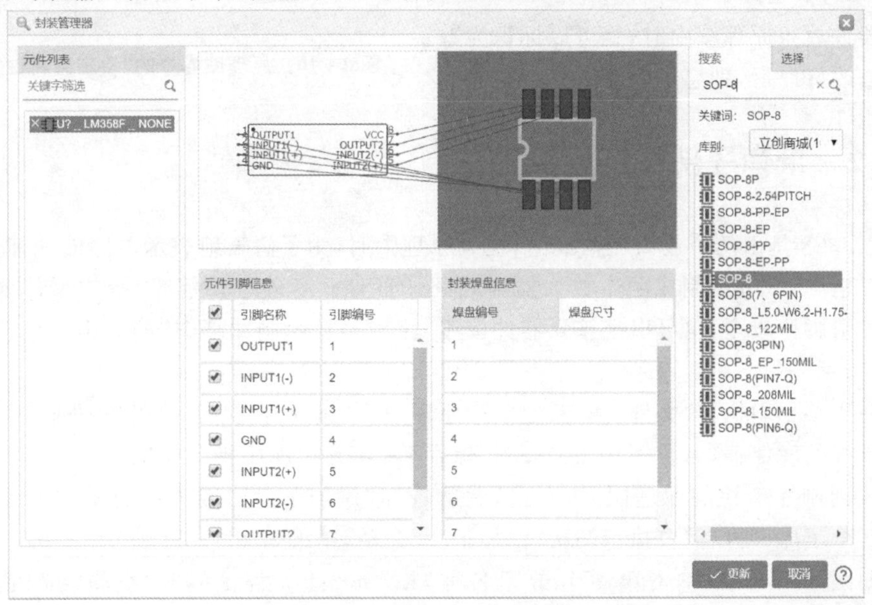


图 4-9　“封装管理器”窗口

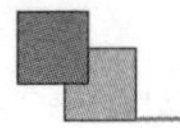


本框中输入关键字 SOP-8，然后在搜索出的结果中选择一个合适的位置单击，完成后单击“更新”按钮，就可以关闭这个窗口了。

这里设置的封装，是元器件的默认封装，把这个原理图库放到原理图中以后，还可以在原理图中修改它的封装，而不必在原理图库编辑器中修改封装。

LM358 的封装有好几种，比如 DIP-8、SOP-8、MSOP-8 等，在这里定义的封装，最好是定义成自己常用的，这样的话，当每次把 LM358 放到原理图编辑器界面以后，就不必再更换它的封装了。立创 EDA 的原理图库只能指定一个封装，如果一个元件有多种封装，请分别创建原理图库并分别指定对应的封装。

如果封装库中没有所需要的封装库，那就需要自己创建了，后面会讲如何创建自己的封装库。

在“封装管理器”窗口，可以看到原理图库与封装库引脚的对应关系，还可以查看原理图库元件的引脚信息和封装焊盘信息。比如，我们在选择 SOP-8 封装时，想看一下列表中的那么多封装到底是不是自己需要的，就可以通过查看封装焊盘信息中的焊盘尺寸来确定。

**5. 修改标识编号**

在原理图库画布空白处单击，在右侧出现“画布属性”面板和“自定义属性”面板，在“自定义属性”面板中，可以修改编号，如图 4-10 所示。在原理图中，电阻的标识一般用 R，电容一般用 C，芯片 IC 一般用 U，这里我们把 LM358 的编号改为“U?”，这里的“?”，在我们把元器件放入原理图中时，就可以标识为数字。

修改好以后，别忘了保存。

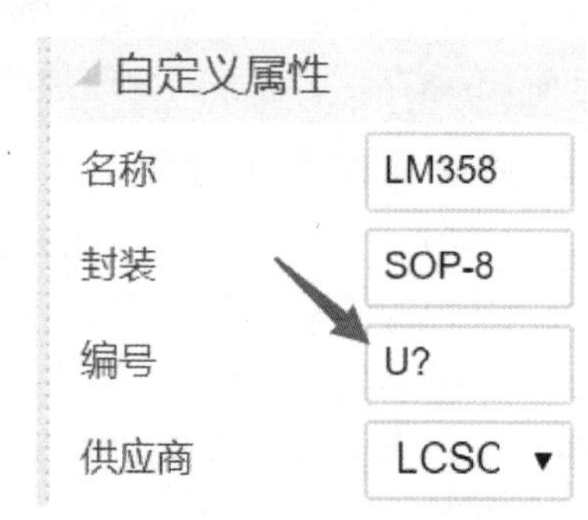


**图 4-10 原理图库中的“自定义属性”面板**

## 4.3.2 带有子部件的绘制方法

LM358 是由两个放大器构成的，在画原理图时，为了清晰地表示电路的功能，我们也可以把 LM358 绘制成两个放大器样式的子部件。另外一种情况是，如果你要绘制的元件引脚比较多，也可以把该元器件按照“比较容易绘制原理图”的原则分成若干个子部件。

在主菜单中执行“文件”→“新建”→“原理图库”命令，再执行“文件”→“保存”命令，把新建好的库保存，名称写为 LM358。保存后，在元件库中搜索 LM358，然后在个人库中找到刚才新建的原理图库，右击，然后选择“添加子库”，因为我们需要把 LM358 分成 2 个子库，所以需要执行两次“添加子库”命令，结果如图 4-11 所示。

在图 4-11 中，单击第一个子库名称“LM358.1”，然后单击“编辑”按钮，进入 LM358.1 编辑界面。在绘图工具中使用“线条”工具和“引脚”工具绘制一个放大器样

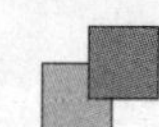

**图 4 - 11　给 LM358 添加 2 个子库**

式的原理图库，如图 4 - 12 所示。

首先，我们按照放大器的通用标识符来修改原理图中引脚的名称。引脚 1 的名称修改为“－”，引脚 2 的名称修改为“＋”，引脚 3 的名称删除，引脚 4 的名称修改为“V＋”，引脚 5 的名称修改为“V－”。结果如图 4 - 13 所示。

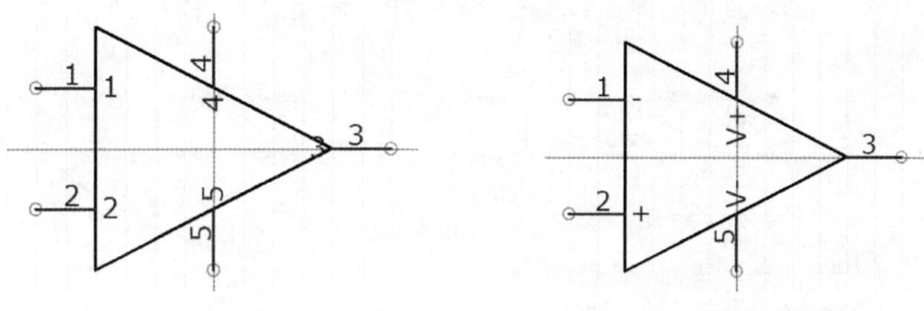


**图 4 - 12　放大器原理图(1)**　　**图 4 - 13　放大器原理图(2)**

然后，我们需要对照 LM358 的引脚描述图修改引脚编号。LM358 芯片内部有两个放大器，我们以芯片引脚左边的放大器为准修改。反相输入端引脚的编号应该是 2，同相输入端引脚的编号应该是 3，输出引脚的编号应该是 1，电源正的引脚编号应该是 8，电源负的引脚编号应该是 4，最后修改好的结果如图 4 - 14 所示。

LM358 放大器的子部件 1 就做好了，注意要保存。

然后我们在左侧导航菜单的“元件库”中找到自己刚才做的元件库。默认打开的“元件库”面板和上次结束的一样，如果由于一些原因不一样了，则可以再次采用搜索的办法找到。单击名称“LM358.2”，然后单击“编辑”按钮，进入 LM358.2 的编辑器界面。

这时，我们需要按照 LM358 元件中第二个放大器的引脚编号修改一下。从 LM358 的引脚描述图中看到，第二个放大器的反相输入端引脚编号是 6，同相输入端引脚编号是 5，输出引脚编号是 7。因为在第一个子部件中，已经把电源引脚画好了，所以在第二个子部件中就不需要画了，用鼠标单击引脚后，按 Delete 键可删除引脚。修改好以后的第二个子部件原理图库如图 4-15 所示。

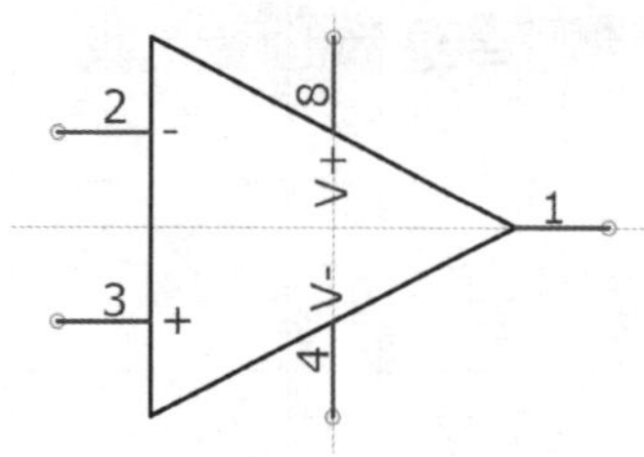


**图 4-14　放大器原理图(3)**

**图 4-15　LM358 的第二个子部件**

画好之后，一定要保存。这时，LM358 的两个子部件就都画好了。需要注意的是，在原理图中放置子库需要分别进行放置。

## 4.3.3　原理图库制作向导

立创 EDA 还为我们提供了一个原理图库的制作向导，用这个向导，可以很容易地制作出原理图库。接下来介绍如何使用。

执行主菜单命令“原理图库向导”，弹出“原理图库向导”对话框，如图 4-16 所示，

**图 4-16　“原理图库向导”对话框**

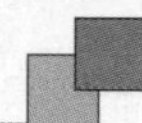

在“编号”文本框中输入“U?”,“名称”文本框中输入“LM358”,“样式”选择“DIP－A”,“引脚信息”处依次按照顺序把 1～8 引脚的名称写入。

单击“确定”按钮后,LM358F 的原理图库就生成了,如图 4－17 所示。

立创 EDA 制作向导为我们生成的原理图库,把矩形边框加入了圆角,且修改了颜色,GND 引脚定义成了黑色,VCC 引脚定义成了红色,看起来还是很美观的。如果你还有更好的创意,还可以继续在属性面板中修改各项参数。

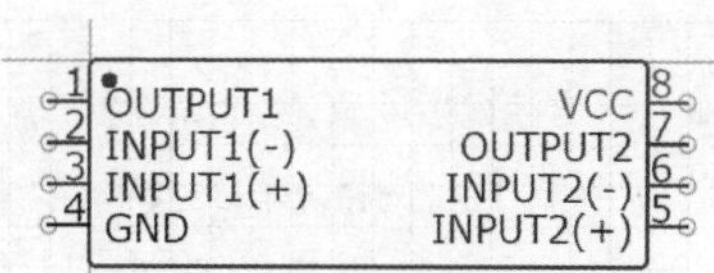


**图 4－17　由原理图库向导生成的 LM358 原理图库**

## 4.4　示例:绘制 SOP－8 封装库

前面讲解原理图库设计时,我们做了 LM358 的原理图库,当时,我们给它加载的封装库是系统提供的。那现在,我们自己动手设计一个 SOP－8 的封装,来熟练封装库的制作过程。

虽然在封装库编辑器界面中的“PCB 工具”悬浮窗口中的绘制工具有很多,但是,一般制作封装库的过程只需要用到“焊盘”和“导线”两个工具就可以完成。

在画封装之前,我们需要把 LM358 的封装向导打开,如图 4－18 所示,是 LM358 芯片手册上官方推荐的封装尺寸图。图中标的尺寸有两种单位,一种是 mm,另一种是 in,用一条横线隔开,横线上边的数字单位是 mm,横线下面的数字单位是 in,我们以 mm 来画封装。

在 PCB 绘制界面单击空白处,在界面右侧出现“画布属性”面板,在“画布属性”面板中,单位选择 mm,如图 4－19 所示。

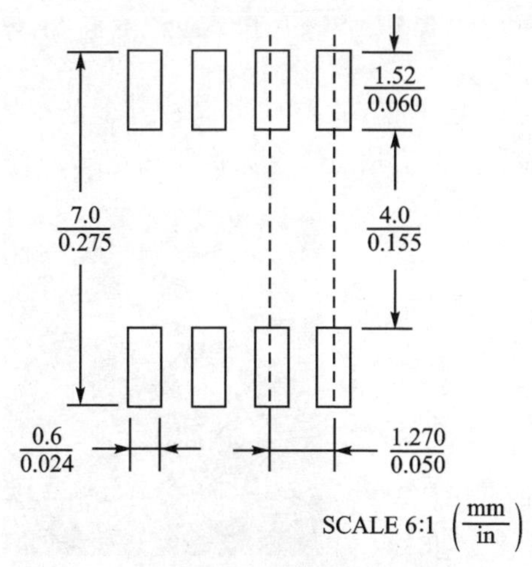


**图 4－18　SOP－8 封装尺寸图**

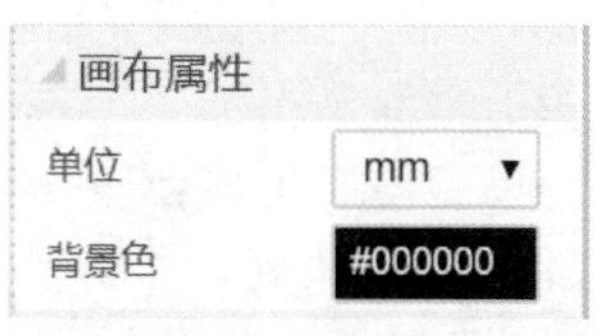


**图 4－19　修改画布单位**

### 4.4.1 放置焊盘

SOP-8 封装共有 8 个焊盘，每个焊盘的形状都是一样的。立创 EDA 默认的焊盘形状是圆形直插通孔，所以我们要把默认的直插焊盘修改为贴片焊盘。不过，立创 EDA 还提供了一个便捷的功能，只需要修改好一个焊盘的形状，再次放焊盘的时候，就是修改好以后的形状了。所以不用着急一起放 8 个焊盘，先放 1 个焊盘，修改好以后，再选择焊盘工具放置其他 7 个焊盘。

在 PCB 库工具中单击“焊盘”工具，就会有一个焊盘工具附着在光标上，并且会随着光标移动，如图 4-20 所示。

找个位置放下来，比如放到原点，单击就可以了。放置一个焊盘以后，光标上还会附着焊盘，右击可取消焊盘命令。单击已经放置好的焊盘，在界面的右侧就会出现焊盘的属性面板。默认的焊盘，是直插通孔型的，我们需要把它修改为贴片型的。在属性面板中，把“层”设置为“顶层”，焊盘就会变成贴片焊盘，再单击界面空白处，就会看到焊盘的全貌，如图 4-21 所示。

此时的焊盘，是一个圆形贴片焊盘，只有顶层和顶层阻焊层。再次单击焊盘，然后继续在界面的右侧属性面板修改焊盘的形状大小。把“形状”修改为“矩形”，把“宽”设置为 0.6，“高”设置为 1.52。最终的焊盘的样式如图 4-22 所示。

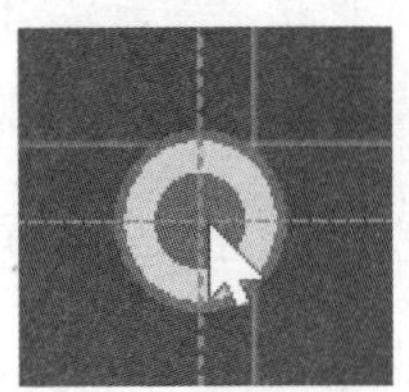

图 4-20 焊盘附着在光标上

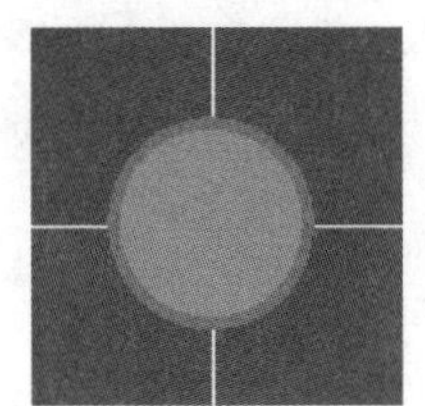

图 4-21 圆形贴片焊盘

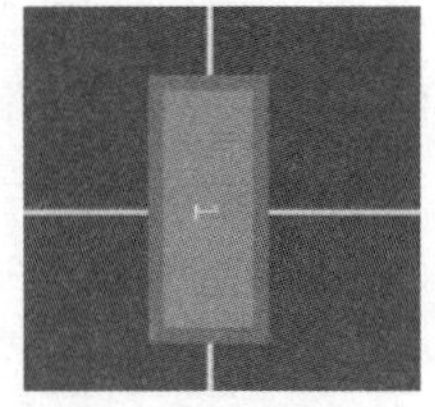

图 4-22 矩形贴片焊盘

SOP-8 封装的其中一个引脚就画好了。接下来，我们就可以放其他的引脚了。在 PCB 工具中单击“焊盘”命令，依次在之前引脚的旁边放下其余的 7 个引脚。关于引脚的具体位置，先找个差不多的位置放下，稍后再单独修改每一个引脚的坐标。引脚的序号应该是：下边的引脚从左到右，序号依次为 1、2、3、4；上边引脚从右到左，序号依次为 5、6、7、8。最后的结果如图 4-23 所示。

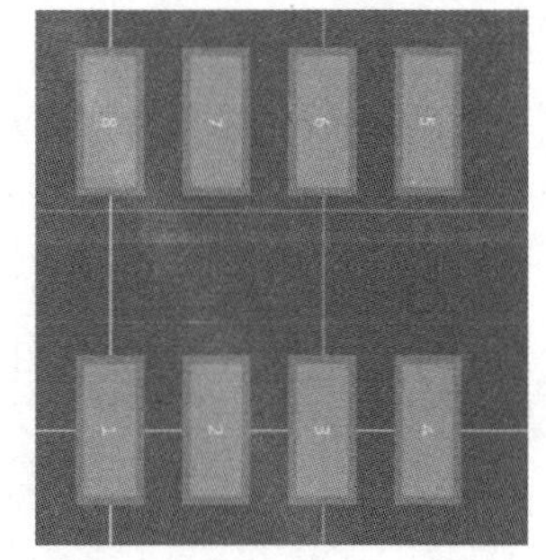

图 4-23 矩形焊盘阵列

考虑到以后需要生成便于 SMT 的坐标文件，我们需要把坐标原点放到 8 个焊盘的正中间。为了实现这个目的，我们需要给每一个引脚重新设置坐标的值。

在 PCB 库工具中，单击“画布原点”工具，然后找

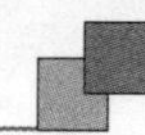

到 8 个焊盘的中心，单击。这一步，只是目测了一下 8 个焊盘的中心，属于粗调，接下来分别给每一个焊盘的引脚设置坐标，属于微调。

焊盘的坐标，也是焊盘正中间的坐标。我们再次回看官方提供的封装尺寸图，想象一下每个引脚和中点的 X、Y 坐标。从图 4-18 中可以看到，横向相邻两个引脚之间的距离是 1.27，而第 2 引脚和第 3 引脚的中间 X 坐标应该是 0，所以第 2 引脚的 X 坐标应该是－0.635，第 3 引脚的 X 坐标应该是 0.635。纵向两个引脚之间的间距，图中没有明确标出，但是标出了上边引脚边界到下边引脚边界的距离是 7，所以我们需要计算一下引脚中心的间距。根据引脚的长度 1.52，就可以得到纵向两个引脚的间距实际上是 7－2×(1.52/2)，结果是 5.48，那上一排引脚的 Y 坐标就是－2.74，下一排引脚的 Y 坐标就是 2.74。

其他引脚的 X 坐标，大家可以自行推算，最后把结果输入到各自属性面板 X、Y 坐标文本框中就可以了。最后的结果如图 4-24 所示。

以下是笔者计算出每个引脚的坐标，看看是否与你计算的一样。

1 引脚：中心 X＝－1.905，Y＝2.74；

2 引脚：中心 X＝－0.635，Y＝2.74；

3 引脚：中心 X＝0.635，Y＝2.74；

4 引脚：中心 X＝1.905，Y＝2.74；

5 引脚：中心 X＝1.905，Y＝－2.74；

6 引脚：中心 X＝0.635，Y＝－2.74；

7 引脚：中心 X＝－0.635，Y＝－2.74；

8 引脚：中心 X＝－1.905，Y＝－2.74。

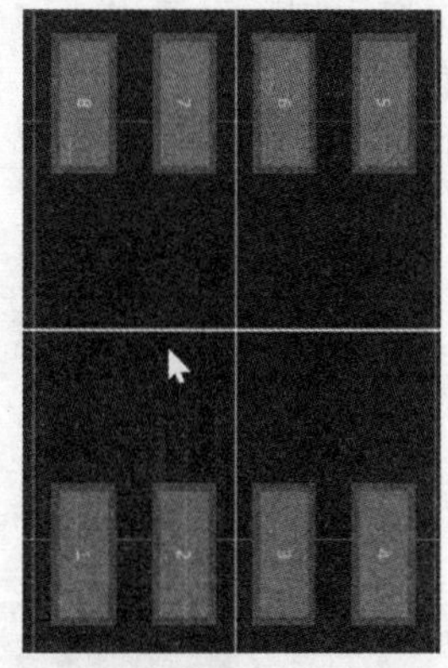

**图 4-24　SOP-8 设置好焊盘间距以后**

## 4.4.2　在丝印层放边框

丝印层的边框最终会显示到我们的电路板上，一般有两个用处：①用来显示元器件的外形，避免在 PCB 元器件布局的时候和其他元器件堆叠；②给出元器件的摆放方向，便于焊接。在 SOP-8 这个例子中，如果我们不指明方向，在焊接时就很有可能会焊反。

在“层与元素”悬浮窗口中单击“顶层丝印”前面的颜色框，一个铅笔的符号就会被放置到“顶层丝印”前面，表示接下来我们将在顶层丝印层放置边框，如图 4-25 所示。

画边框时，可以一次画多个边，也可以一条边一条边地画，我推荐一条边一条边地画，这样的话，可以对每一条边单独设置，便于调整。

在“PCB 库工具”中，单击“导线”按钮，就会有一个十字附着在光标上，在适当的位置，放置线条。最终的结果如图 4-26 所示。原理图库的边框，没有必要微调，只需要放置到大概的位置就可以了。

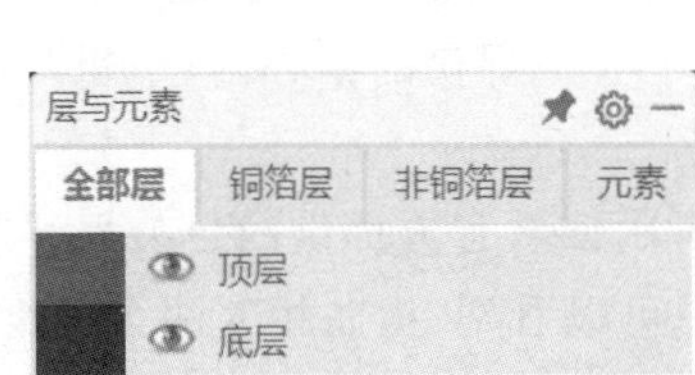


图 4-25　设置工作在顶层丝印层

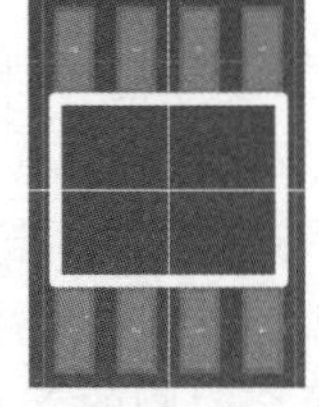

图 4-26　SOP-8 封装库绘制好的矩形

SOP 封装，一般把一个小圆点放置到第一引脚所在的位置，这样大家就知道哪个引脚是第一引脚。在“PCB 库工具”中，单击“圆”工具，在正方形内靠近第一引脚的位置用单击，拖动鼠标，就会有一个圆变大，再次单击，一个“圆”就放下去了。“圆”命令还会附着在鼠标上，右击可取消圆命令。

这时候的圆，并不是一个圆点，因为圆的中间有空白，这里有一个技巧，可以把圆设置为圆点。单击刚才放置的圆形，在右侧出现属性面板，在面板中，修改“半径”和“宽”，设置宽的值为半径的 2 倍，圆形就会变成圆点，如图 4-27 所示，你可以试试。

最后的结果如图 4-28 所示。

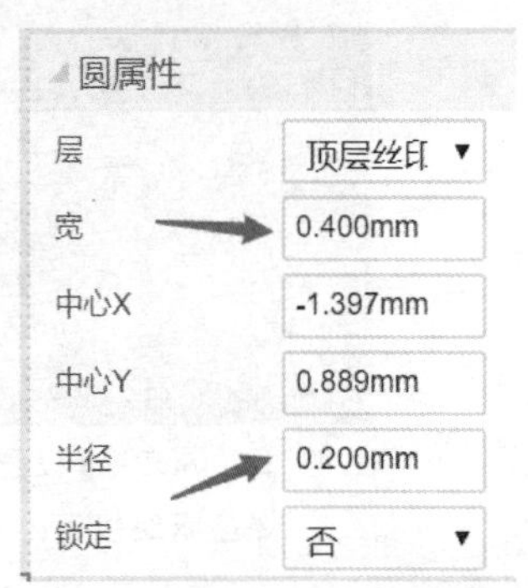


图 4-27　在“圆属性”面板中修改宽和半径

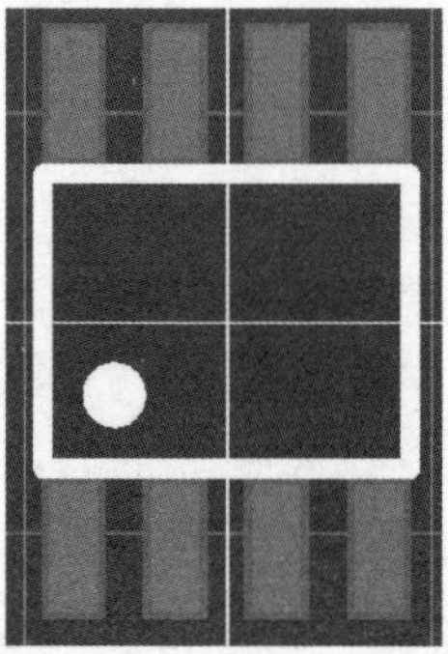

图 4-28　在 SOP-8 封装库矩形中放入圆点

刚才放置的圆点，其实是为了焊接的时候参考。当焊接好之后，芯片会覆盖整个圆点，这时候，虽然可以通过芯片本身自带的圆点来识别第一引脚，但是我们无法判断焊接是否正确，所以，我们可以再在矩形外边的第一引脚附近放置一个小圆点。放置的方法和上面一样。最后的结果如图 4-29 所示。

这样的话，即使在焊接好之后，也可以识别出第一引脚的位置，从而判断芯片是否焊接正确。最后，执行主菜单“工具”→“尺寸检查”命令，可以查看封装的尺寸，如图 4-30 所示。

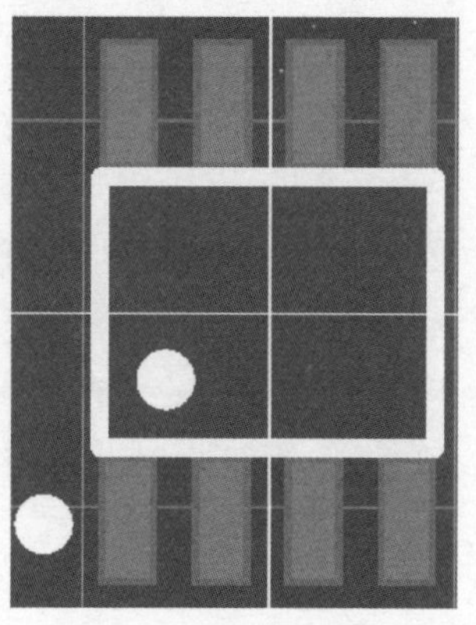

图 4－29　SOP－8 封装库矩形外放置圆点

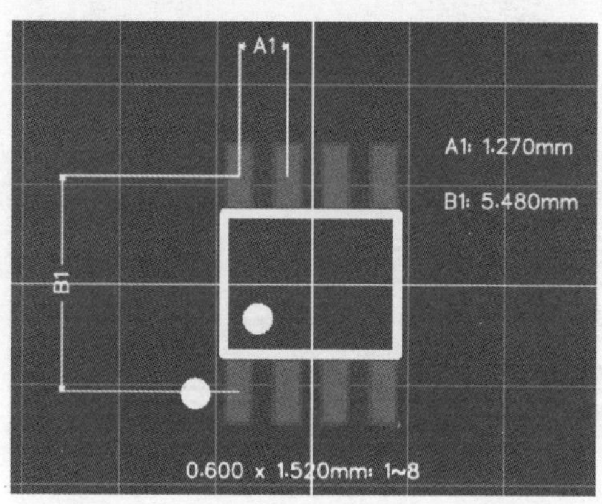


图 4－30　尺寸检查

### 4.4.3　保存库文件

执行主菜单"文件"→"保存"命令，在弹出的对话框中把封装库的名称写入"标题"，单击"保存"按钮，刚才画好的封装库就会被保存到个人库当中了。

现在我们可以验证一下，在左边导航菜单中单击"元件库"，在弹出的对话框中输入 SOP－8，回车搜索，类型选择"PCB 库"，库别选择"个人库"，就会看到自己刚才绘制好的 SOP－8 库，在这个库名字上面单击，就会在预览图中看到自己刚才画好的封装，如图 4－31 所示。

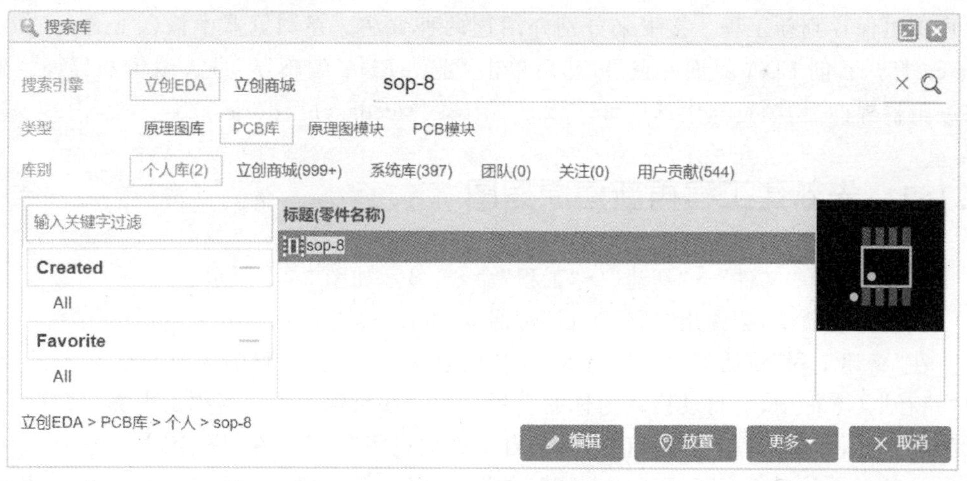


图 4－31　搜索封装库 SOP－8

总的来说，PCB 库封装的绘制，最主要的是绘制好焊盘的大小和焊盘之间的距离。焊盘的大小，在长和宽方面，都必须要比实物的引脚稍微大一些。焊盘的距离，要严格按照元器件实物引脚的间距设置，这样就可以确保芯片可以正确地被焊接到电路板上了。

# 第 5 章 原理图的绘制

在绘制好的原理图中，本质上只有两样东西，一是元器件，二是导线。元器件的样式多种多样，导线的实现方式也有好几种，就使得原理图绘制需要一定的技巧。我们学习原理图绘制，其实就是学习如何在原理图中放置元器件以及如何把元器件的引脚连接起来。其他的知识，都是这两个知识的延伸与拓展。

如果原理图中元器件太多，还可以做成多页原理图。

## 5.1 原理图的新建与保存

一般情况下，我们是先建立工程，再创建原理图。不过，立创 EDA 也支持先创建原理图再保存到新工程。接下来分别介绍这两种方法。在浏览器中输入 https://lceda.cn 打开立创 EDA 界面并登录，然后单击“立创 EDA 编辑器”进入编辑器界面。进入编辑器界面后，浏览器中的网址应该是 https://lceda.cn/editor。

### 5.1.1 先新建工程再新建原理图

执行主菜单“文件”→“新建”→“工程”命令，显示如图 5-1 所示。

执行完此命令，会弹出“新建工程”对话框，如图 5-2 所示。

在“新建工程”对话框中，“所有者”即你的登录名，工程名称输入“标题”文本框中，在“路径”文本框中，会自动修改为你的工程名称。如果你的工程名称是中文，这里会自动生成拼音，如果工程名称中有空格，会自动添加连字符“-”。在“描述”文本框中，可以写一些关于你的工程介绍，不写也可以。“可见性”有两种情况：“私有”的工程，只能自己看到并修改，如果你的项目不希望别人看到，就选这个选项；“公开”的工程，所有人都可以看到，但是只能你修改，如果你想做一些开源的项目，就可以选择可见性为公开，这样，所有的立创 EDA 使用者都可以看到你的工程了。“可见性”可以在工程都完成以后“公开”，也可以随时修改为“私有”或者“公开”。

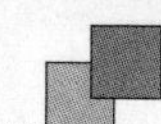

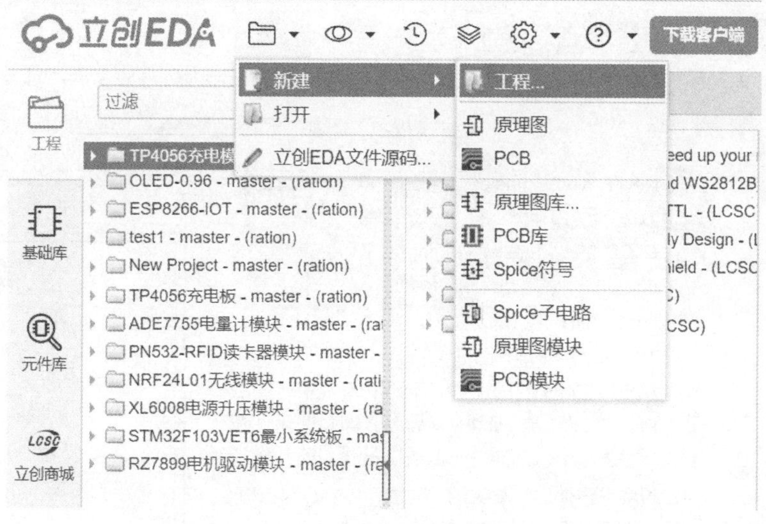


图 5－1　新建工程命令

新建工程

所有者:　ration　创建团队

标题:

路径:　https://lceda.cn/ration/　new-project

描述:

可见性:　私有(只能你能看到并修改它)
　　　　公开 (只有你能修改该工程，所有人都可以看到它)

保存　取消

图 5－2　"新建工程"对话框

我在"标题"文本框中输入 New Project，单击"保存"按钮，工程就建好了。接着，会在导航菜单"工程"的展开窗口中出现工程名称，同时会自动新建一张原理图，这张原理图的名称前面会有一个"＊"符号，表示还没有保存，如图 5－3 所示。

这时，我们执行主菜单中的"文件"→"保存"命令，原理图名称前面的"＊"符号就没有了，因为原理图被保存了。

图 5-3　新建好的工程和未保存的原理图

单击工程名称前面的倒三角形按钮，会列出当前工程下的所有文件，这时就可以看到有一张原理图在 New Project 里面了，如图 5-4 所示。

图 5-4　新建好的工程和已保存的原理图

如果想要修改原理图的名称，可以在默认的工程名称 Sheet_1 上右击，在快捷菜单中选择“修改”，弹出“修改文档信息”对话框，在“标题”中输入名称即可。

### 5.1.2　先新建原理图再保存到工程

执行菜单“文件”→“新建”→“原理图”命令，可以看到在界面上多了一张原理图，原理图的名称前面有一个“*”符号，表示这个原理图还没有保存，如图 5-5 所示。

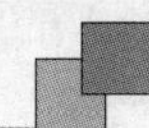

图 5-5　新建好的未保存的原理图文件

接着，执行菜单“文件”→“保存”命令，会弹出一个“保存为原理图”的对话框，如图 5-6 所示。

保存为原理图

保存至新工程　保存至已有工程

所有者: ration　创建团队

标题:

路径: https://lceda.cn/ration/ new-project

描述:

可见性: 私有(只能你能看到并修改它)
公开 (只有你能修改该工程，所有人都可以看到它)

保存　取消

图 5-6　“保存为原理图”对话框

在对话框的最上边有两个单选按钮：“保存至新工程”和“保存至已有工程”。选中“保存至新工程”按钮，就会自动新建一个新工程；选中“保存至已有工程”按钮，就会让你选择保存到哪个工程里面，如图 5-7 所示。

这里，我们选中“保存至新工程”按钮，然后给工程起个名字输入“标题”文本框。填好以后，单击“保存”按钮，就可以看到工程也建好了，如图 5-8 所示。

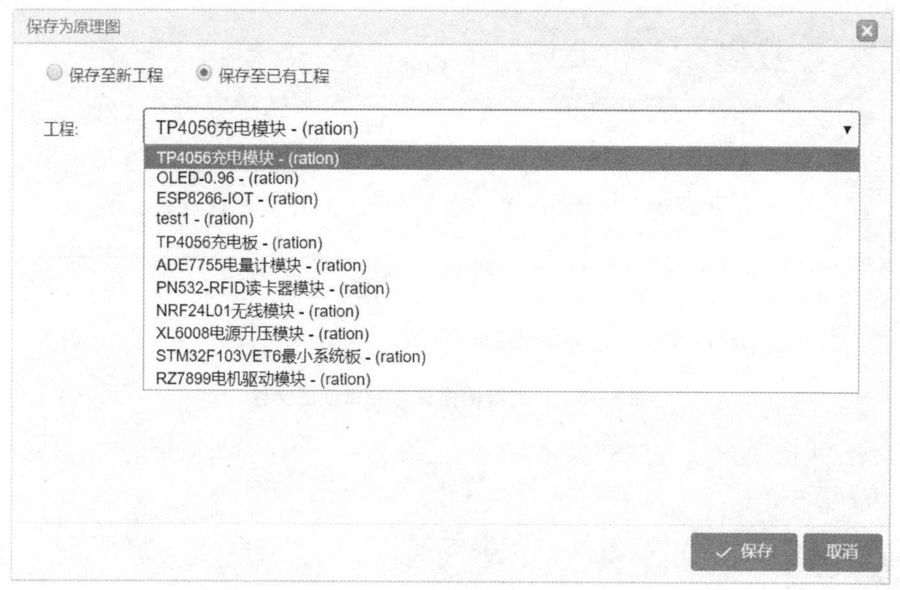


图 5-7　选择保存至哪个工程

图 5-8　新建好的原理图文件和工程

## 5.2　放置元件

新建好原理图以后，我们就可以在原理图中放置元器件了。在绘制的过程中，每改变一次原理图中的内容，原理图的名称前面都会出现一个“*”符号，代表原理图已被改动。我们要养成随时保存的习惯，以防意外发生。

一些常用的基础元件，一般位于“基础库”中，如果基础库中没有，就需要在“元件库”中寻找。接下来我们分别看一下从“基础库”中放置元器件和从“元件库”中放置元器件的方法。

## 5.2.1　从基础库中放置元件

在导航菜单中，单击“基础库”图标，会在基础库的右侧展开基础库中的所有元器件，如图 5-9 所示。

在基础库中，找到你要放置的元器件，在图标上单击，然后把光标移动到原理图中，就可以看到元器件被附着到了光标上。如图 5-10 所示，是单击了“欧标样式”中的“电阻”符号以后，“电阻”元件被附着到了光标上。立创 EDA 不支持拖拽元件到画布。

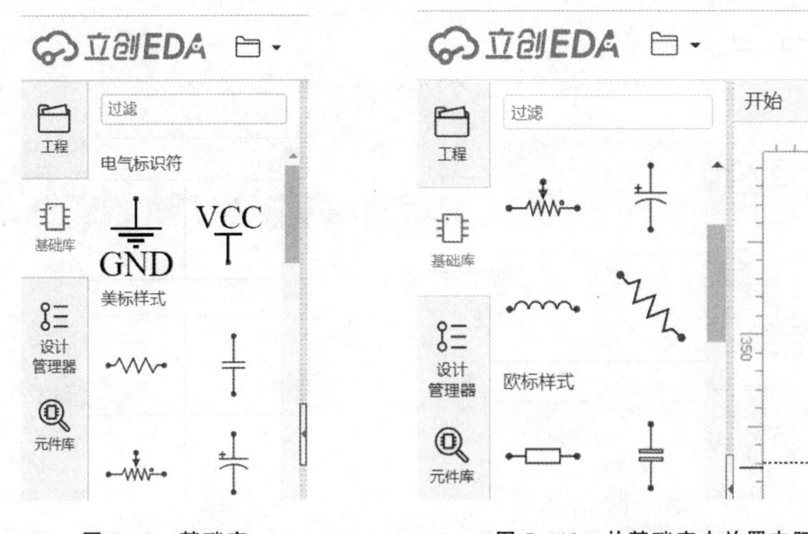


图 5-9　基础库　　　图 5-10　从基础库中放置电阻到原理图

在原理图中合适的位置单击，“电阻”元件就被放到了原理图中，此时，光标上还会附着元器件，继续在原理图中单击可以放置第二个元器件，如果不需要了，右击可取消命令。在原理图中，滚动鼠标的滑轮可以放大和缩小原理图画布。

## 5.2.2　从元件库中放置元件

单击导航菜单中的“元件库”图标，会弹出“搜索库”窗口，如图 5-11 所示。因为我们需要在原理图上放置元器件，所以需要选择“类型”为“原理图库”，然后在“搜索”文本框输入你想要的元器件名称，然后单击搜索。选择合适的“库别”后，在元器件上面单击，就会在窗口的右侧出现该元器件的“原理图库”“PCB 库”“实物图”的预览图，也有可能出现这三个预览图的其中一个或者两个。这个功能，可以帮助你快速找到合适的元器件。

如图 5-12 所示，是搜索“STM32”以后，在库别为“立创商城”下选择 STM32F051K6T6 后的结果，我们可以在窗口的右侧看到这个元器件的原理图库、PCB

图 5-11 “搜索库”窗口

库和实物图的预览图。

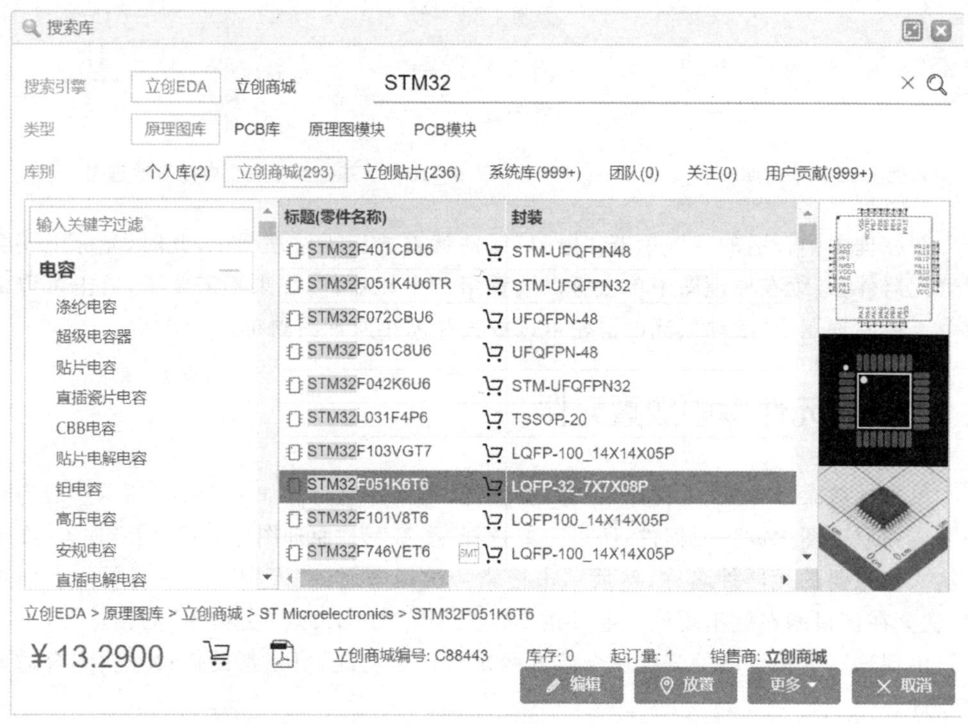


图 5-12 搜索 STM32F030C8T6 元器件

确定好你要放的元器件以后，单击“放置”按钮，元器件就会附着在光标上，这时，找

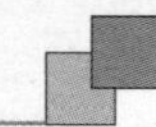

到合适的位置放下去即可。同样，元器件放置好以后，右击可以取消命令。还有，单击“元件库”对话框的右上角按钮可以切换至精简模式，这样进行搜索的同时不影响画图。

以上就是给原理图中放置元器件的两种方法，如果在基础库和元件库中，都没有你需要的元器件，就需要自己来绘制了。一般来说，如果不是非常特殊的元器件，都可以在基础库和元件库中找到。

## 5.3 电气连接

元器件放到原理图中以后，按照电路要求，把元器件用导线连接起来。立创 EDA 提供了多种电气连接的方式，尽管它们的表现方式不同，但是最终到了 PCB 以后都是一根导线。接下来，分别介绍这几种电气连接的方式，以及使用它们的技巧。

### 5.3.1 导线连接

“导线”工具在“电气工具”悬浮窗口中的图标如图 5-13 所示。

单击“导线”工具，在元器件引脚的电气连接点上单击，就可以开始绘制导线，在需要连接的另外一个电气连接点上单击，就会完成一条导线的绘制。如果不需要再次使用导线命令，右击则取消命令。如图 5-14 所示，是使用“导线”工具连接电阻和发光二极管以后的样子。

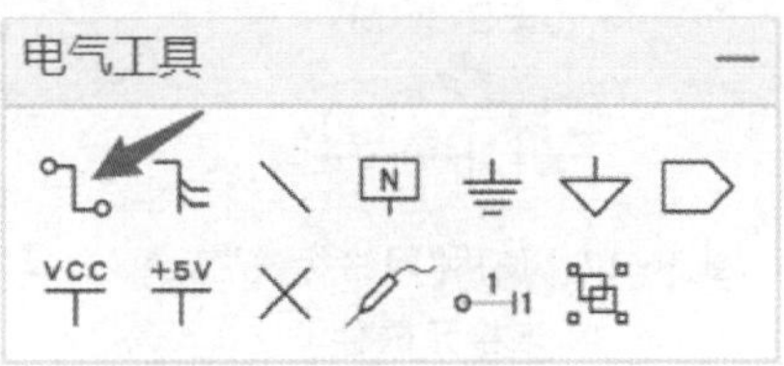


图 5-13 “导线”工具

我们可以执行主菜单“转换”→“原理图转 PCB”命令看一下连接效果。注意，要保存原理图后才可以执行这个命令。在 PCB 中，我们可以看到电阻的一端已经和发光二极管有连接提示，如图 5-15 所示。

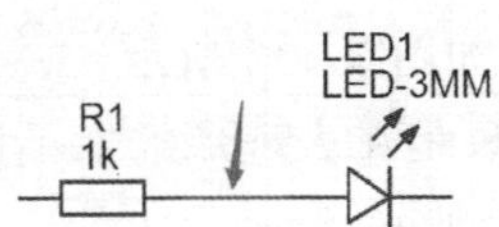


图 5-14 使用“导线”工具连接元器件引脚

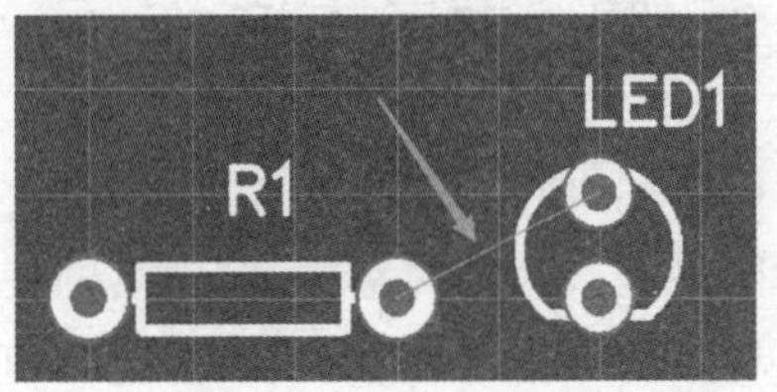


图 5-15 PCB 中的引脚连接提示

### 5.3.2 网络标签连接

“网络标签”工具在“电气工具”悬浮窗口中的图标如图 5-16 所示。

单击“网络标签”工具，在需要连接的两个电气连接点上分别放置一个网络标签，然后分别把网络标签修改为同一个名称，这两个电气连接点就相当于用导线连接起来了。初学者使用网络标签很容易犯的一个错误就是没有把网络标签放到电气连接点上，从而导致网络标签没有起作用。为了避免这个错误，建议画一条导线到网络标签的下面。

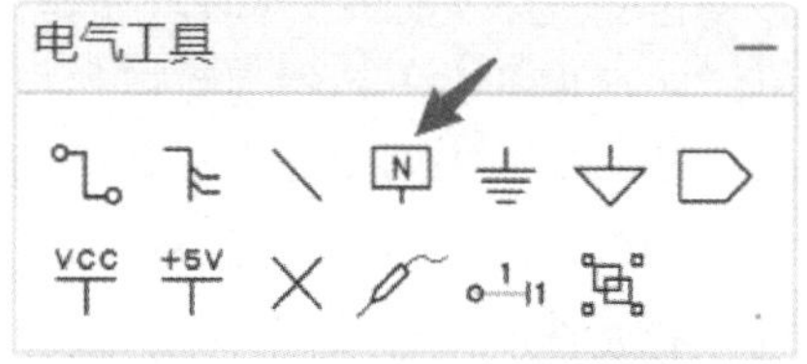


图 5-16 “网络标签”工具

图 5-17 中，在电阻和发光二极管的一端放置了名称为“LED”的网络标签，就代表这两个电气连接点已经连接了。下面执行主菜单“转换”→“原理图转 PCB”命令来看一下 PCB 中的效果。如果你已经生成过一次 PCB 文件而且 PCB 文件已经保存，可以执行主菜单“转换”→“更新 PCB”命令。我们同样可以看到这两个电气连接点已经连接，和使用“导线”工具的效果是一模一样的，如图 5-18 所示。

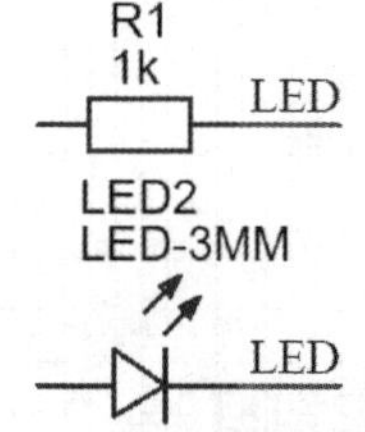


图 5-17 使用“网络标签”工具连接元器件

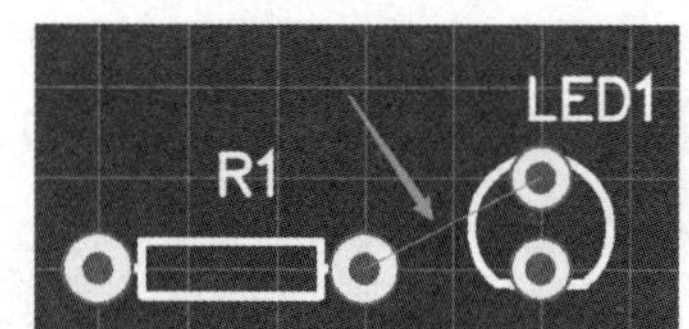


图 5-18 使用“网络标签”使得两个引脚连接在 PCB 中的效果

网络标签的名称一般用英文大写。“网络标签”工具主要用于不方便使用“导线”工具连接的场合。在大多数原理图设计中，都是“导线”和“网络标签”混合使用，来完成一张优美的原理图。如果只使用“导线”工具，则最后的原理图很有可能就是乱七八糟的。“网络标签”的使用频率和“导线”工具的使用频率几乎不相上下。

### 5.3.3 网络端口连接

“网络端口”工具在“电气工具”悬浮窗口中的图标如图 5-19 所示。

“网络端口”和“网络标签”工具的使用一模一样，只是在表现形式上不同。我们同样可以使用“网络端口”连接两个电气节点，如图 5-20 所示。

图 5-20 中，我把电阻和发光二极管的一端放置了名称为“LED”的网络端口，就代表这两个电气连接点已经连接了。下面执行主菜单“转换”→“原理图转 PCB”命令来看一下 PCB 中的效果。如果你已经生成过一次 PCB 文件而且 PCB 文件已经保存，可以执行主菜单“转换”→“更新 PCB”命令。我们同样可以在 PCB 文件中看到这两个电气连接点已经连接。

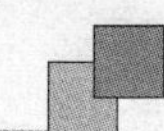

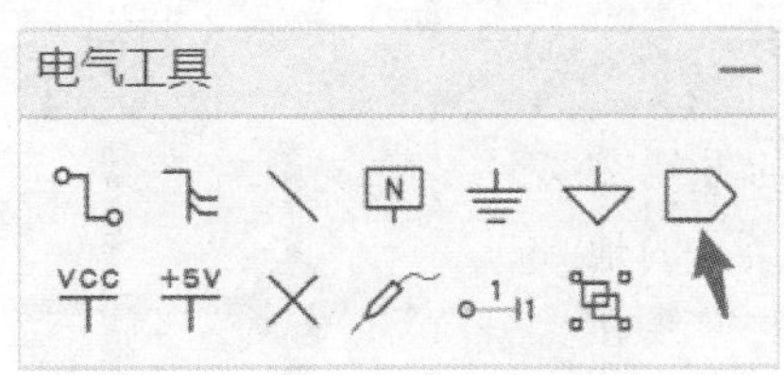


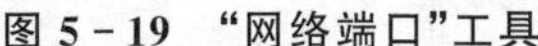

图 5-19　“网络端口”工具

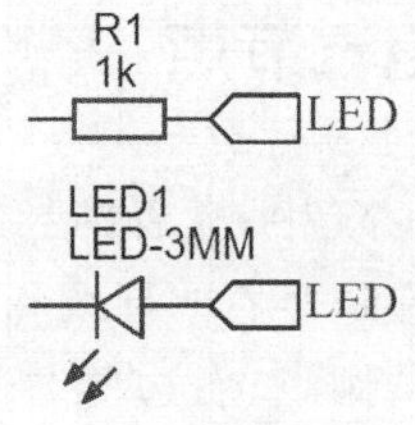


图 5-20　使用“网络端口”工具连接两个引脚

从上面的使用中可以看出，“网络标签”和“网络端口”的作用和效果是一模一样的，那它们有什么区别呢？“网络标签”一般用于同一张原理图中的元器件引脚连接。“网络端口”一般用于多页原理图中或者表示模块之间的电气连接。总之，使用这些不同表现形式的工具，为的是让我们或者其他人更容易读懂原理图。

## 5.3.4　总线连接

“总线”和“总线分支”工具在“电气工具”悬浮窗口中的图标如图 5-21 所示。

“总线”这个概念，在数字电路中表示具有一组相同特性的并行信号线，例如我们经常可以听到数据总线、地址总线这些名称。假设你要设计的电路图中有些地方需要用到总线连接，而这时你只是用导线或者网络标签进行连接，也是没有任何问题的，只不过，使用“总线”工具连接之后，就会显得电路图非常清晰了。

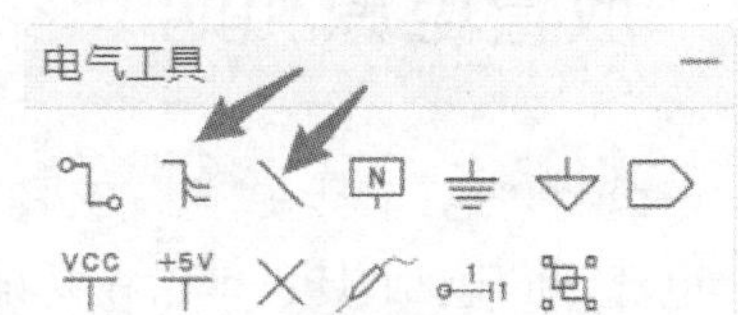


图 5-21　“总线”和“总线分支”工具

“总线”和“总线分支”都不具有电气特性，它们只是用来让你清晰地读懂电路图，所以，这两个工具还需要配合导线、网络标签、网络端口这些工具来完成你的设计。如图 5-22 所示，是使用“总线”和“总线分支”工具绘制的原理图。

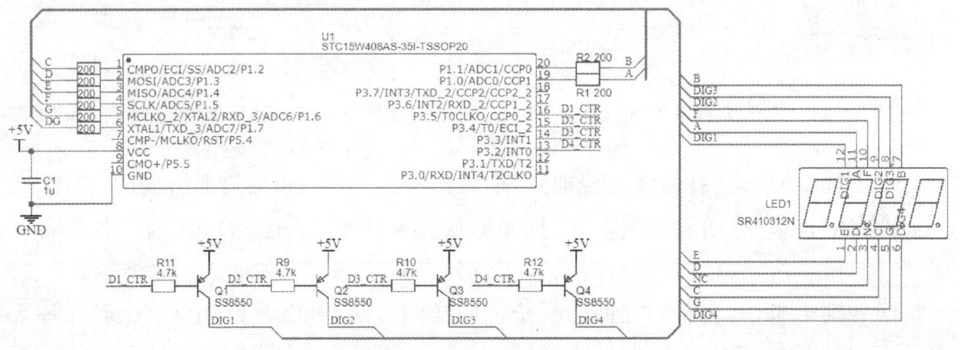


图 5-22　使用“总线”和“总线分支”工具绘制的原理图

### 5.3.5 电气节点

在图 5-23 中,横着的导线和两条竖着的导线交叉在一起了。左边竖着的导线和横着的导线在交叉的地方有一个棕色的圆点,右边竖着的导线和横着的导线在交叉的地方没有棕色的圆点。这里面的棕色的圆点,就是电气节点。电气节点放置到导线交叉的地方,表示两条导线连接。如果两条导线的交叉处没有放置电气节点,表示两条导线没有连接。

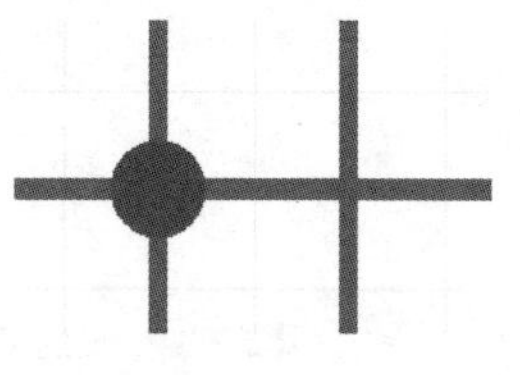

图 5-23 电气节点

那我们在绘制时,怎么能实现两条导线连接或者不连接呢?方法如下:

- 连接:一条导线经过另外一条导线时,在经过的导线上单击,再继续绘制,就会自动放置一个电气节点。
- 不连接:一条导线经过另外一条导线时,不需要到另外一条导线上单击,而是直接经过。

## 5.4 放置电源和地

"电源"和"地"工具在"电气工具"悬浮窗口中的图标如图 5-24 所示。

"电源"和"地"工具也可以在基础库中找到,如图 5-25 所示。

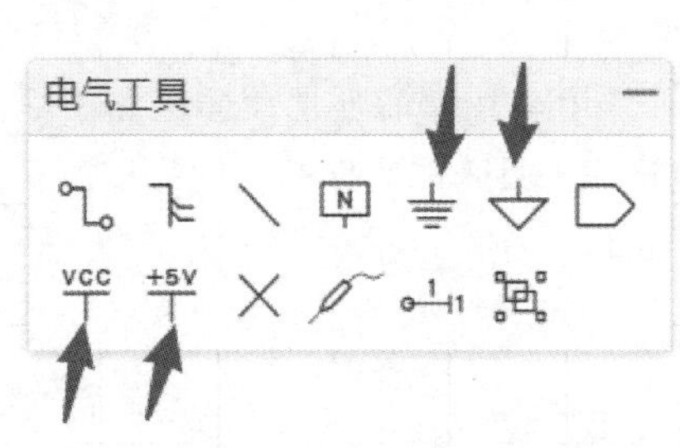


图 5-24 电气工具中的"电源"和"地"

图 5-25 基础库中的"电源"和"地"

电气工具中的"地"有两种表现形式:横线组成的 GND 和三角形组成的 GND。

基础库中,"地"有四种表现形式,把光标放到基础库中"地"的图标上,会在右下角出现一个三角形按钮,单击三角形按钮,会看到有四种 GND,如图 5-26 所示。

我们分别单击,就会看到它们的样子。同样的方法,可以看到"电源"也有几种表现形式。

需要注意的是,电源和地,与网络标签的性质是一样的,只要名称一样,就会在电气

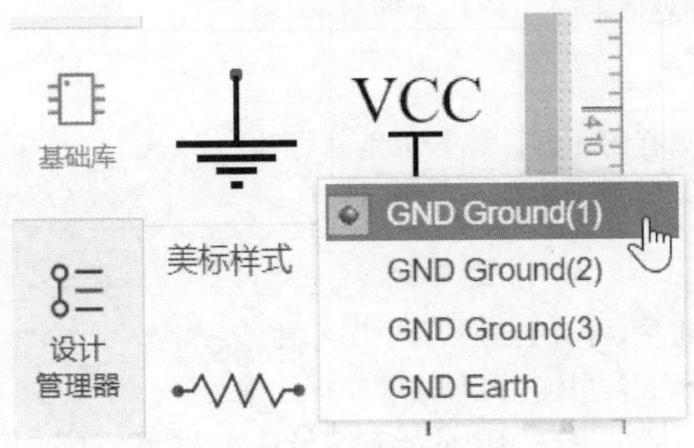


**图 5－26　基础库中的四种 GND 形式**

特性上连接到一起。所以，如果想用不同的表现形式表示不同的 GND 或者 VCC，一定要把名称修改的不一样才可以实现电源和地的隔离。

## 5.5　标注编号

把元器件放到原理图中以后，元器件会自动编号，比如，放置的第一个电阻编号是 R1，再放一个就是 R2。立创 EDA 默认会给放置的元器件自动编号，如果不需要自动编号，也可执行主菜单"配置"→"系统设置"命令，在弹出的对话框中，切换到"原理图"选型卡，然后取消选中"自动编号"。

当我们修改好整个原理图之后，有些元器件可能已经被删除，模块中的元器件也有可能是在修改的时候加上去的，各种复杂的情况就造成了元器件编号混乱的现象。这时，就需要我们重新整理，这里有两种方法可以重新整理编号。

方法一：给所有元器件重新编号。这种方法适合已经确定不再增加或者删减元器件的情况下进行。

方法二：把一些需要修改的元器件的编号重新修改为符号"?"，然后在编号时只标注带符号"?"的元器件。这种方法适合元器件数量不太多的情况下进行。

执行主菜单"编辑"→"标注编号"命令后，弹出"标注"对话框，如图 5－27 所示。

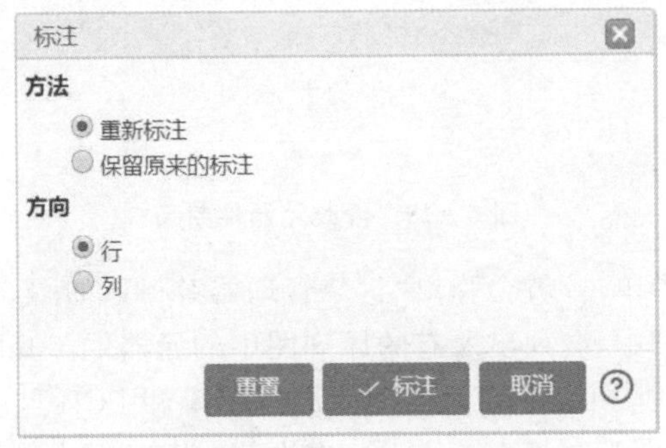


**图 5－27　"标注"对话框**

下面介绍“标注”对话框中几个选项的含义。

**1. 方 法**

重新标注:会把所有的元器件编号都重新标注。

保留原来的标注:只标注还是“?”的元器件。

**2. 方 向**

行:按照先从右到左,再从上到下的顺序标注编号。

列:按照先从上到下,再从右到左的顺序标注编号。

单击“重置”按钮,会把原理图中的所有编号都变为“?”;单击“标注”按钮,就会按照设置好的方法和方向给原理图中的元器件标注编号了。

## 5.6 修改元器件封装

当画好原理图之后,需要更换元器件的封装,即使在生成 PCB 之后,也很有可能修改元器件的封装,有时只需要更改一两个元器件的封装,有时需要把同一性质的元器件都修改封装,例如把 0805 封装的电阻全部更换为 0603 封装。

### 5.6.1 单个修改元器件封装

单个修改元器件封装时,在需要修改的元器件上单击,在界面右侧出现的元器件属性面板中找到修改封装的位置,如图 5-28 所示。

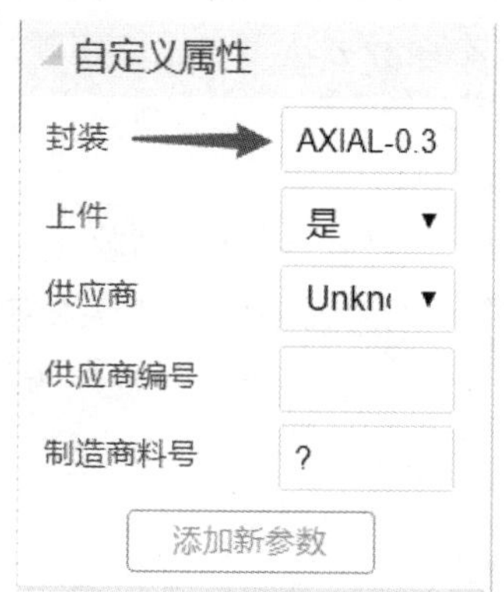


图 5-28 修改元器件封装

在“封装”文本框中单击,就会弹出“封装管理器”窗口,如图 5-29 所示。

在左侧“元件列表”中,会列出所有的原理图中的元器件。其中,被标亮的元件就是我们刚刚选中的元器件,中间是该元器件的原理图库和 PCB 封装库的样子,它们的引脚会一一对应,方便我们观察是否有错误。在右侧“搜索”框中是现在的封装的名称,可以把它修改为你需要的名称,例如输入 0805,然后单击搜索,在“搜索”框下方选择合适

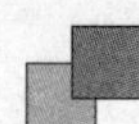

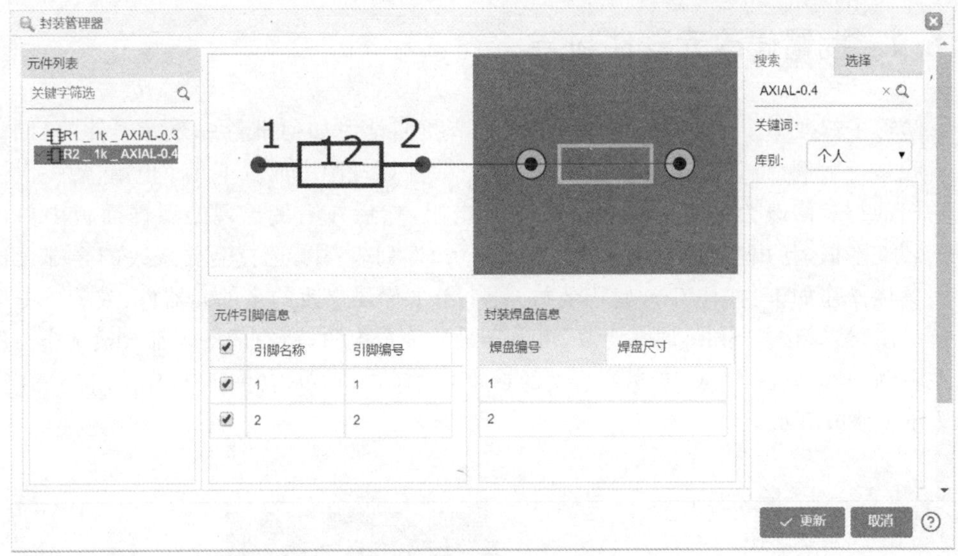


图 5-29　“封装管理器”窗口

的库别，列表中会出现所有名称为 0805 的封装名称。

在寻找封装时，单击你想要查看的封装名称，在预览窗口中就可以看到封装的缩略图。默认的封装缩略图中，是看不出来焊盘的具体长宽尺寸和焊盘的间距的，但在“封装焊盘信息”下的“焊盘尺寸”中可以看到这些信息。根据这些具体的信息，就可以精确地选择你所需要的封装了，如图 5-30 所示。

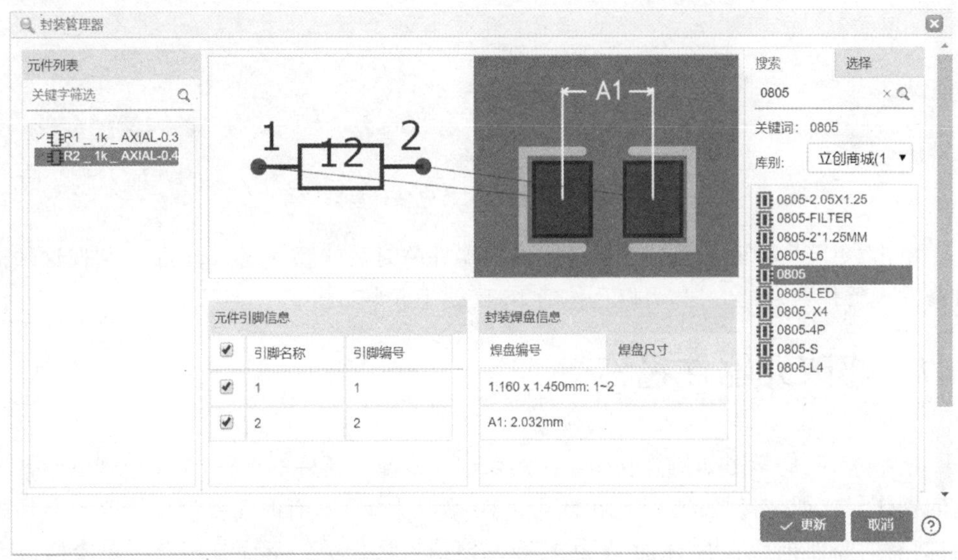


图 5-30　单个修改元器件封装

### 5.6.2 批量修改元器件封装

学习了修改单个元器件封装的方法，本节我们学习如何批量修改元器件的封装。这里我举个案例：批量修改几个电阻的封装。我在原理图中放置了几个电阻，想一次性把它们的封装修改为 0805。单击其中一个电阻，然后在右侧出现的属性面板中单击“封装”文本框，弹出“封装管理器”窗口。在“元件列表”中，选择需要修改的全部元器件。具体操作如下：按住 Ctrl 键不要放，逐个单击你要修改的全部元器件；或者单击第一个电阻，然后按住 Shift 键不要放，再单击最后一个电阻，所有的电阻都会被选中。然后在右侧“搜索”框中输入 0805，在合适的封装上面单击，再单击“更新”按钮。图 5－31 所示为批量修改显示。

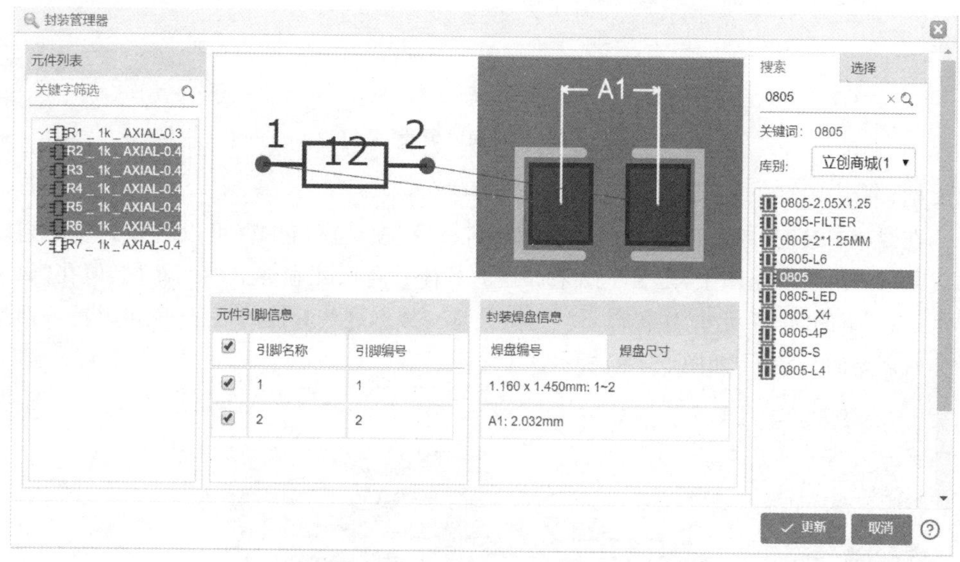


**图 5－31 批量修改元器件封装**

单击“更新”按钮后，刚才全部选中的元器件的封装就都变成 0805 了。掌握这种批量修改元器件封装的方法，可以让你的 PCB 设计事半功倍。

## 5.7 修改元器件名称

接下来，我们学习如何修改元器件的名称。修改元器件的名称，是画原理图经常用到的操作。比如，有时需要把电阻的阻值 1k 修改为 4.7k，有时需要批量修改元器件的名称，有时需要把所有的 1k 修改为 4.7k。该如何操作呢？下面分别介绍单个修改元器件名称和批量修改元器件名称的方法。

## 5.7.1　单个修改元器件名称

在需要修改的元器件上面单击，其右侧会出现元器件的属性面板，在"名称"文本框中输入你想要修改的值。如图 5-32 所示，是我单击了电阻元器件以后，出现的电阻属性面板，如果把 1k 修改为 4.7k，然后按回车键，就可以在原理图中看到元器件的名称已经被修改了。除此之外，也可以直接双击文本进行修改。

图 5-32　元件属性中修改名称

## 5.7.2　批量修改元器件名称

学习了如何单个修改元器件的名称，我们再学习如何批量修改元器件的名称。在原理图中，在需要批量修改的其中一个元器件上面右击，在弹出的快捷菜单中选择"查找相似对象"命令，如图 5-33 所示。

在弹出的"查找相似对象"对话框中，有许多属性可以修改。我们现在需要修改的是元器件的名称，所以把"名称"的条件修改为"相等"，如图 5-34 所示。单击"查找"按钮，然后再关闭这个对话框，你会发现原理图中所有的名称为 1k 的元器件都会被选中。被选中的元器件，颜色是红色。

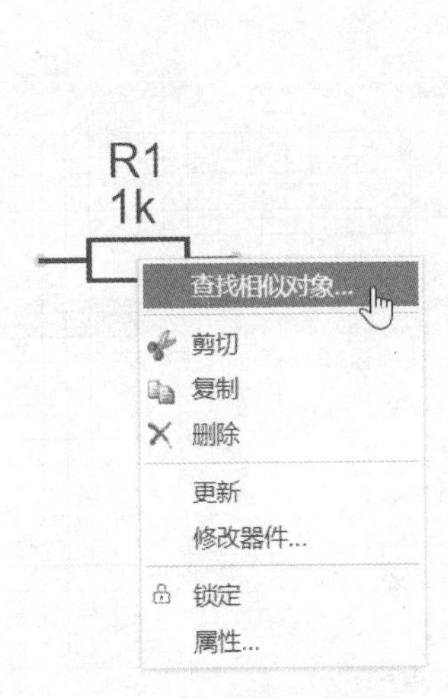


图 5-33　"查找相似对象"命令

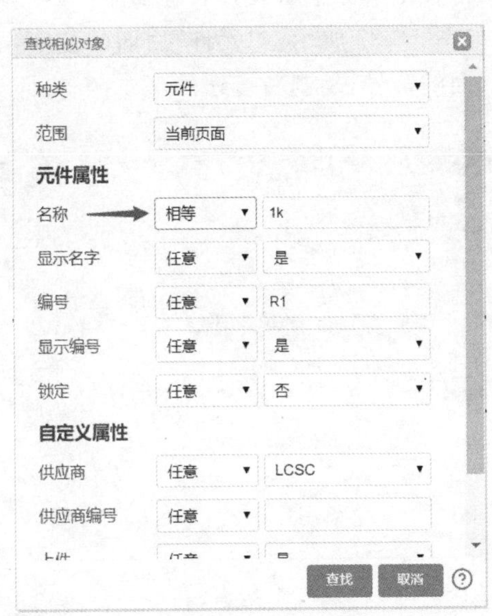


图 5-34　"查找相似对象"对话框

我们在界面右侧的属性面板中找到"名称"，然后输入你要修改的名称，比如这里，我需要把 1k 修改为 4.7k，如图 5-35 所示，然后按回车键。这时，你会发现，原理图中刚才被选中的所有的 1k 名称的元器件就都变为 4.7k 了。

图 5-35 “多对象属性”面板

## 5.8 设计管理器的使用

设计管理器是一个非常有用的工具，它可以帮助我们快速地定位元器件，也可以帮助我们快速地查找错误。在导航菜单中单击“设计管理器”，旁边就会展开设计管理器中的内容，如图 5-36 所示，包含“元件”和“网络”。

如果原理图中有很多元器件，找一个元器件就比较困难了。有了设计管理器，找起来就非常容易了。单击设计管理器中“元件”前面的三角形，会展开原理图中的所有元器件，如图 5-37 所示。“元件”后面的数字，表示这个原理图中一共有多少个元器件。数字后面的符号，是刷新按钮。

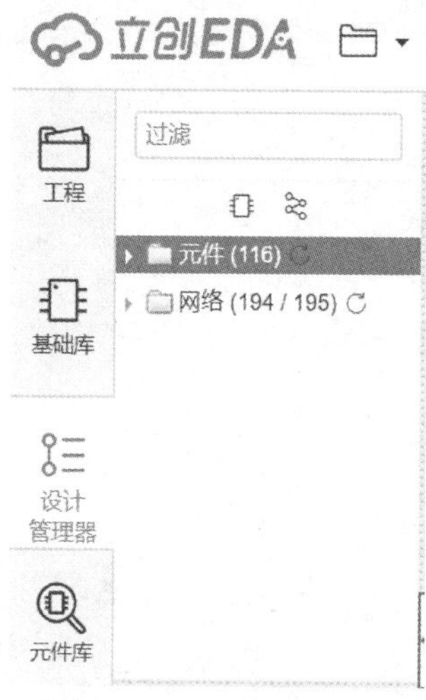


图 5-36 设计管理器

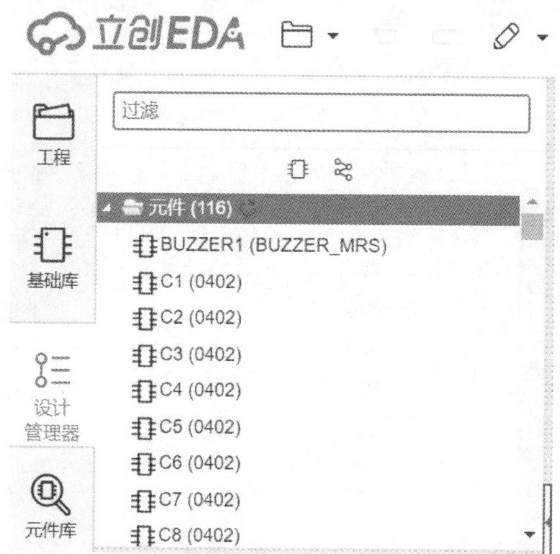


图 5-37 展开设计管理器中的元件

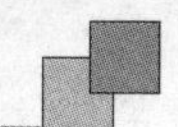

在这些元器件中，比如你要找 R8，就在 R8 上面单击，此时，原理图中就会快速定位到 R8 放置的地方，并伴随着一个短暂的十字坐标的闪现，十字坐标的中心，就是元器件放置的位置，这个元器件现在已经是被选中的状态，变成了红色。在设计管理器的“过滤”框中直接输入 R8，这时，“元件”列表中就只剩下 R8，其他的元器件都被屏蔽。合理利用“过滤”功能，可以大大提高 PCB 设计的效率。

单击“网络”前面的三角形，就会展开所有的网络连接，每个网络至少连接两个引脚，如果有一个网络只有一个引脚，就会在这个网络前面显示一个“X”错误标志。如图 5－38 所示，表示 HEADER1 这个元器件的第 9 引脚没有电气连接。

图 5－38　设计管理器中发现错误

如果元器件的某个引脚真的是不需要连接任何导线，则可以通过放置“电气工具”悬浮窗口中的“非连接标志”符号来消除这个错误提示。当元器件进行了删减，或者又多了几个元器件，需要通过单击“元件”后面的刷新符号来更新。同样，当网络被更改，也需要通过单击“网络”后面的刷新符号来更新。

通过查看“网络”列表，就可以很容易地看到哪些元器件还没有连线，从而进行修改。

## 5.9　打印与报表输出

原理图设计好以后，一般需要把原理图打印到一张纸上，或者打印成 PDF 文件，便于自己或别人查看。采购元器件，还需要输出 BOM 表。

### 5.9.1　打印原理图

立创 EDA 可以通过主菜单“文件”→“打印”命令来输出 PDF 文件，或者直接通过打印机打印出原理图。

立创 EDA 也可以通过主菜单“文件”→“导出”命令，把原理图输出为 PDF 文件，也可以输出为 PNG、SVG 图片，如图 5－39 所示。

在执行“导出”命令后，会弹出“导出文档”对话框，如图 5－40 所示。

导出选项可以选择 PDF、PNG、SVG，线宽可以选择 1×、2×、3×。如果你的工程中使用了多张原理图，还可以选择合并导出。

如果是输出 PDF 文件，推荐使用第二种“导出”命令，“导出”的原理图 PDF，要比“打印”的 PDF 原理图更加美观，你可以试一试。

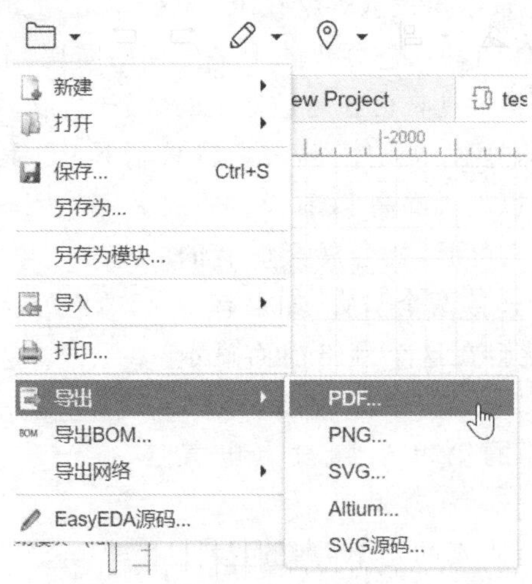


图 5-39 原理图可导出各种格式的文件

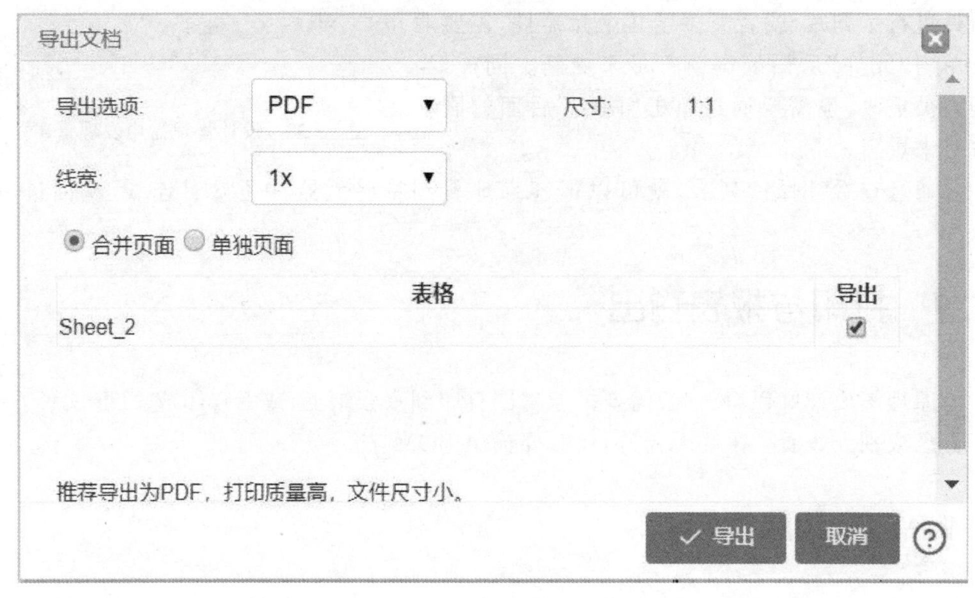


图 5-40 “导出文档”对话框

## 5.9.2 导出 BOM 文件

BOM 文件就是元器件清单文件，在文件中，会列出工程中所有用到的元器件名称、数量、封装等信息。有了这个文件，我们就可以很方便地采购元器件了。

可以执行主菜单“文件”→“导出 BOM”命令，也可以直接单击“导出 BOM”图标按钮，会弹出“导出 BOM”对话框，如图 5-41 所示。

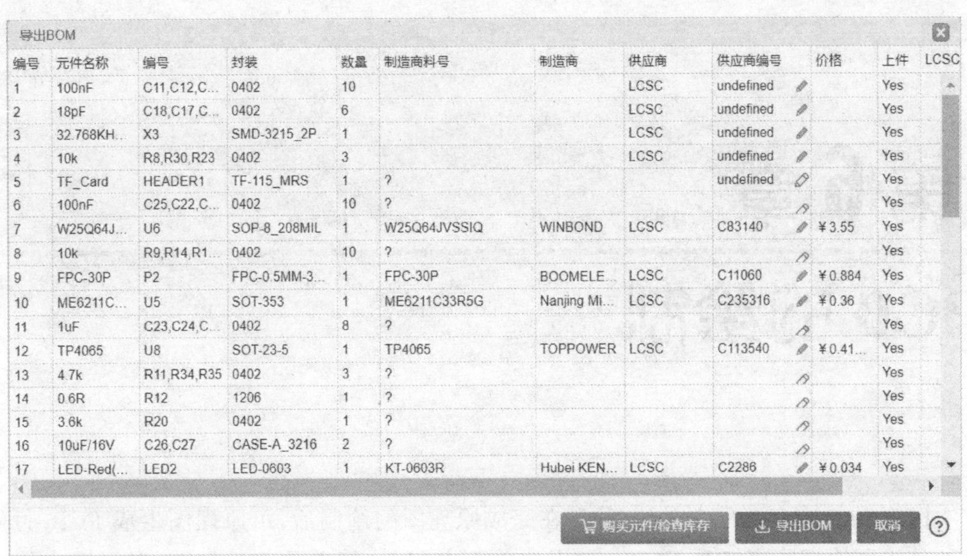


| 编号 | 元件名称 | 编号 | 封装 | 数量 | 制造商料号 | 制造商 | 供应商 | 供应商编号 | 价格 | 上件 | LCSC |
|---|---|---|---|---|---|---|---|---|---|---|---|
| 1 | 100nF | C11,C12,C... | 0402 | 10 | | | LCSC | undefined | | Yes | |
| 2 | 18pF | C18,C17,C... | 0402 | 6 | | | LCSC | undefined | | Yes | |
| 3 | 32.768KH... | X3 | SMD-3215_2P... | 1 | | | LCSC | undefined | | Yes | |
| 4 | 10k | R8,R30,R23 | 0402 | 3 | | | LCSC | undefined | | Yes | |
| 5 | TF_Card | HEADER1 | TF-115_MRS | 1 | ? | | | undefined | | Yes | |
| 6 | 100nF | C25,C22,C... | 0402 | 10 | ? | | | | | Yes | |
| 7 | W25Q64J... | U6 | SOP-8_208MIL | 1 | W25Q64JVSSIQ | WINBOND | LCSC | C83140 | ¥3.55 | Yes | |
| 8 | 10k | R9,R14,R1... | 0402 | 10 | ? | | | | | Yes | |
| 9 | FPC-30P | P2 | FPC-0.5MM-3... | 1 | FPC-30P | BOOMELE... | LCSC | C11060 | ¥0.884 | Yes | |
| 10 | ME6211C... | U5 | SOT-353 | 1 | ME6211C33R5G | Nanjing Mi... | LCSC | C235316 | ¥0.36 | Yes | |
| 11 | 1uF | C23,C24,C... | 0402 | 8 | ? | | | | | Yes | |
| 12 | TP4065 | U8 | SOT-23-5 | 1 | TP4065 | TOPPOWER | LCSC | C113540 | ¥0.41... | Yes | |
| 13 | 4.7k | R11,R34,R35 | 0402 | 3 | ? | | | | | Yes | |
| 14 | 0.6R | R12 | 1206 | 1 | ? | | | | | Yes | |
| 15 | 3.6k | R20 | 0402 | 1 | ? | | | | | Yes | |
| 16 | 10uF/16V | C26,C27 | CASE-A_3216 | 2 | ? | | | | | Yes | |
| 17 | LED-Red(... | LED2 | LED-0603 | 1 | KT-0603R | Hubei KEN... | LCSC | C2286 | ¥0.034 | Yes | |

图 5－41　“导出 BOM”对话框

在这个对话框中，单击下方的“导出 BOM”按钮，就可以下载 BOM 文件了。这个文件的后缀是.csv，可以用 EXCEL 或者 WPS 软件打开。单击供应商编号列的小铅笔图标，可以给元件指定立创商城的元件编号，使用该编号在立创商城搜索，可以快速找到该元器件。

# 第 6 章

# PCB 的绘制

PCB 的绘制有两种方式：一种是在完成原理图的绘制后，由原理图生成 PCB；另外一种是不画原理图直接画 PCB。常用的单面电路板、简单的双面板，一般可以直接画 PCB；复杂的两层板或者多层板，一般都是先画原理图，再由原理图生成 PCB 文件。立创 EDA 为我们提供了强大的 PCB 编辑器，集成了 PCB 绘制工具、层管理器、设计检验、属性面板、3D 预览等实用的功能。功能虽多，却不杂乱，使用起来非常容易。

## 6.1 PCB 文件的新建与保存

在前面的章节中已经介绍了 PCB 编辑器的界面，本章是新建自己的 PCB 文件。立创 EDA 提供了两种不同的 PCB 文件创建方式。

① 在原理图编辑器界面，用主菜单"转换"→"原理图转 PCB"命令生成 PCB 文件。

② 用主菜单"文件"→"新建"→"PCB"命令来新建 PCB 文件。

### 6.1.1 原理图转 PCB 文件

立创 EDA 为我们提供了一键生成 PCB 的菜单命令。在画好原理图文件之后，通过主菜单"转换"→"原理图转 PCB"命令就可以一键生成 PCB 文件，同时，原理图中的所有元器件都会导入到 PCB 文件中。相当于同时完成了"新建 PCB""生成网络表""导入网络表"等这些操作命令。这时，我们就可以直接进入元器件布局的环节了。

### 6.1.2 用新建菜单建立 PCB 文件

使用主菜单"文件"→"新建"→"PCB"命令，可以新建一个 PCB 文件。新建好 PCB 文件以后，可以直接在 PCB 文件中绘制电路板，也可以从绘制好的原理图中导入元器件。在原理图编辑界面，使用主菜单"转换"→"更新 PCB"命令，可以把原理图中的元

器件导入到 PCB 文件当中。

### 6.1.3　PCB 文件的保存

执行主菜单“文件”→“保存”命令，可以保存 PCB 文件到云端。如果是第一次保存 PCB 文件，会弹出一个对话框，在弹出的对话框中，可以选择把 PCB 文件保存到已有的工程中，也可以选择保存到新的工程中；如果选择保存到新的工程中，就是在新建 PCB 文件的同时，完成了新建工程。

每完成一些操作，都要记得保存一下 PCB 文件，这是一个很好的习惯，可以防止计算机突然断电等意外发生后数据丢失。

## 6.2　PCB 布局

元器件导入 PCB 文件后，我们就可以开始元器件的布局了。元器件布局，其实就是把元器件放到电路板中合适的位置。元器件的布局，并没有特殊的强制性要求，同样功能的一张电路板，由几个人做，就会有几种不同的布局结果。但是，还是会有一些小小的规律可循，这些都来自于大家的设计经验。立创 EDA 为我们提供了多种布局方式，方便我们快速地做好元器件的布局。

### 6.2.1　电路板边框绘制

一般情况下，在元器件布局之前，我们需要先绘制好电路板的边框。电路板的边框，一般是由电路板的产品外壳决定的。做产品时，可以先做好外壳，再做电路板，也可以先做好电路板，再做外壳。在元器件布局时，可以先给元器件布局，再绘制边框，也可以先绘制边框，再做元器件的布局。具体的先后顺序，由具体的需求决定，并不是一成不变的。产品的多样性，使得电路板的外形也是多种多样的。立创 EDA 为我们提供了足够的工具，可以设计出任何形状边框的电路板。在“工具”菜单下，有边框设置向导。

在第一次执行原理图导入 PCB 命令之后，伴随着元器件的导入，还会有一个自动生成的边框。这个边框的大小，是由立创 EDA 根据元器件封装的面积等参数自动计算的。如果你需要自己绘制边框，可以选中自动生成的边框后按键盘上的 Delete 键删除。如果以后也不需要立创 EDA 自动生成边框，可以进入“设置”→“系统设置”→“PCB”将其关闭。

另外还可以通过导入 DXF 的方式，导入在 CAD 中画好的边框。

绘制边框之前，需要先在“层与元素”悬浮窗口中单击边框层前面的颜色窗口，将层修改为“边框层”，如图 6－1 所示。

使用 PCB 工具悬浮窗口中的“圆形”工具，可以快速地绘制一个圆形电路板边框，绘制完之后,还可以通过界面右侧的属性面板来修改圆形的大小。

使用 PCB 工具悬浮窗口中的“导线”工具,可以绘制矩形、多边形等电路板边框,绘制完之后,还可以通过界面右侧的属性面板来修改图形的大小和形状。这里有一个小技巧需要注意,使用“导线”工具可以一气呵成绘制一个矩形,但不方便单独修改其中的一条边。我们可以在画好一条边之后,就右击结束本次导线绘制,然后再绘制另外一条边框,这样画好的矩形,可以单独地修改每一条边。

如果想画一个带圆角的矩形边框,可以使用“导线”工具,结合“圆弧”或者“中心圆弧”工具,画出好看的圆角矩形。

图 6-1　在“层与元素”悬浮窗口中选择边框层

### 6.2.2　添加安装孔

绘制好电路板的边框,一般就需要给电路板上添加安装孔了。安装孔的位置一般是由外壳的要求来确定的,如果需要先做电路板,再做外壳,那我们就可以自己找个合适的位置来放置安装孔了。

安装孔一般是圆形的,特殊情况下,也会有其他形状。

使用“PCB 工具”悬浮窗口中的“孔”“焊盘”“过孔”工具,都可以绘制出安装孔。接下来我们看看它们作为安装孔的区别。

“孔”工具是专门用来绘制安装孔的,在 PCB 上放置“孔”以后,可以在界面右侧“孔属性”面板中修改孔的参数,比如直径和坐标。这种孔被称为机械孔。

“焊盘”工具制作的安装孔,其实就是一个直插焊盘。修改焊盘的内径,以符合安装孔的要求。另外,这种“焊盘”工具与“孔”工具制作的安装孔样式不同,可以满足不同人的审美需求。这种孔属于电气孔。

“过孔”工具制作的安装孔，和“焊盘”工具制作安装孔的原理一样，都是通过修改内径以符合安装孔的要求。但“过孔”工具制作的安装孔，和“焊盘”“孔”工具制作的安装孔样式又有不同。

### 6.2.3　手动布局

手动布局，需要我们用鼠标一个一个地把元器件拖放到合适的位置。一般情况下，我们会按照原理图中的元器件相对位置摆放元器件。下面是一些基本的布局原则。

① 需要插接导线或者其他线缆的接口元器件，一般放到电路板的外侧，并且接线的一面要朝外。

② 元器件就近原则。元器件就近放置，可以缩短 PCB 导线的距离，如果是去耦电容或者滤波电容，越靠近元器件，效果越好。

③ 整齐排列。一个 IC 芯片的辅助电容电阻电路，围绕此 IC 整齐地排列电阻、电容可以更美观。

### 6.2.4　布局传递

布局传递，是一个非常实用的功能。我们在手动布局的时候，其实大部分情况下，都会按照原理图的各个单元电路摆放位置在 PCB 中放置元器件。布局传递命令，就可以实现一键把原理图中的布局传递到 PCB 中，使得单元电路的元器件都按照原理图中的相对位置摆放，不用我们一个一个元器件寻找和拖拽，大大提高了布局效率。

在原理图中，选中所有你要布局传递的元器件，然后执行主菜单中“工具”→“布局传递”命令，此时，界面自动切换到 PCB 编辑器界面，刚刚被选中的元器件，已经按照原理图中的位置附着在了光标上，单击，就可以把元器件放到 PCB 中。

## 6.3　PCB 布线

元器件布局好以后，就可以开始布线了。布线，就是元器件之间的导线连接。在布线的过程中，可能需要调整元器件的布局，大部分情况下，布局微调就可以。

布线的方式有两种：自动布线和手动布线。因为自动布线的算法不一定和我们的要求一致，所以，如果自动布线满足不了我们的要求，就需要手动布线。布线是一项非常重要的工作，也可能是花时间最长的一项工作。尤其是设计复杂度比较高的、密度比较高的电路板时，把所有线都走通是很困难的，而且在走通线的基础上，还要求走线要合理。

### 6.3.1　自动布线

设计比较简单的电路板时，自动布线往往可以提高我们的布线效率。自动布线完成之后，还可以通过修改个别布线来满足我们的要求。立创 EDA 为我们提供了一个强大的自动布线功能，通过设置一些参数，就可以满足我们的基本布线需求。在 PCB 设计界面，执行菜单“布线”→“自动布线”命令，会弹出“自动布线设置”对话框。接下来，介绍如何设置这些选项。

### 1. 通用选项

“通用选项”中的内容如图 6-2 所示。在“通用选项”选项卡下，可以设置(或默认)布线线宽、间距、孔外径、孔内径，设置是否实时显示，布线服务器选择本地还是云端。选择云端作为布线服务器的话，如果同时使用人数过多，会产生排队等待现象，还可能会布线失败，建议使用本地布线服务器。单击“本地(不可用)”旁边的字“安装本地自动布线”，可以按照新打开页面中的安装步骤，把布线服务器安装到本地。

图 6-2 “自动布线设置”对话框中的“通用选项”

### 2. 布线层

“布线层”中的内容如图 6-3 所示。在“布线层”选项卡下，可以设置在哪个层进行布线。如果只需要在“顶层”布线，把“顶层”前面的复选框选中，其他层前面的复选框都取消。总之，被选中的层将会进行自动布线。

如果是多层板，还会出现“内层”选项。同样，可以选择是否在内层自动布线。

### 3. 特殊网络

“特殊网络”中的内容如图 6-4 所示。在“特殊网络”选项卡下，可以对 PCB 中所有的网络设置各自的线宽和间距需求，一般情况下，我们可以使用这个功能，对电源网络进行加粗操作。单击“操作”下面的加号，可以继续添加需要单独设置线宽和间距的

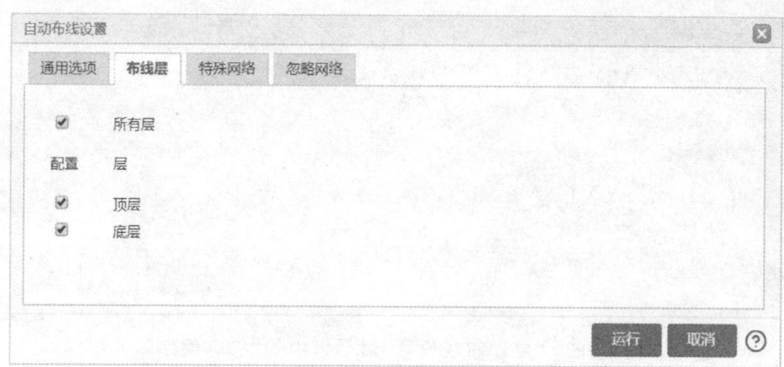


图 6－3　“自动布线设置”对话框中的“布线层”

网络。

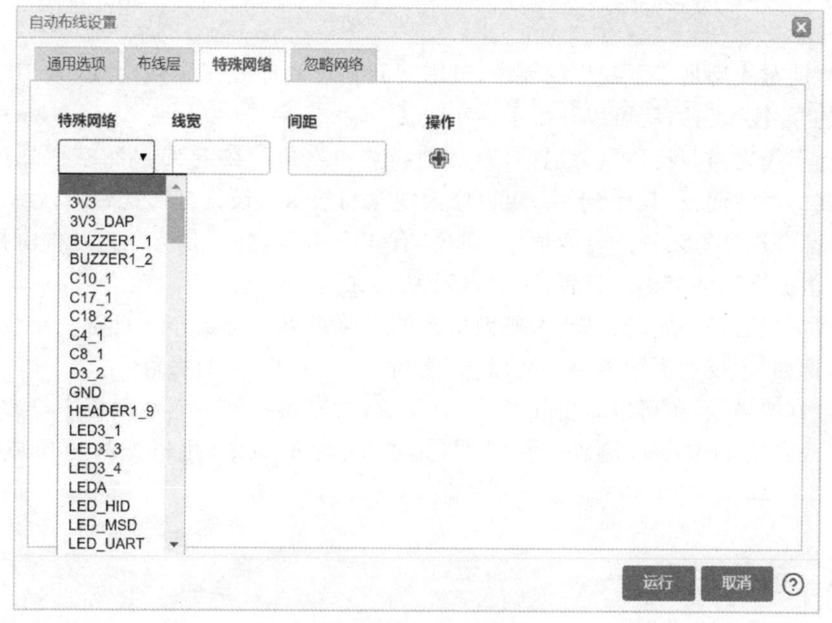


图 6－4　“自动布线设置”对话框中的“特殊网络”

合理利用好这个功能，将使得自动布线更加符合我们的要求。

## 4. 忽略网络

“忽略网络”选项卡中的内容如图 6－5 所示。在“忽略网络”选项卡下，可以设置忽略的网络，被忽略的网络，不会对其进行布线操作。“忽略已布线的网络”，是我们已经手动布线好的网络，如果我们已经对 PCB 进行了一些简单的布线，且不希望自动布线时被修改，就可以选中这个复选框。再往下的“忽略网络”，可以选择你不希望自动布线的网络，如果你不希望自动布线的网络不止一个，还可以单击“操作”下面的加号添加更多需要忽略的网络。

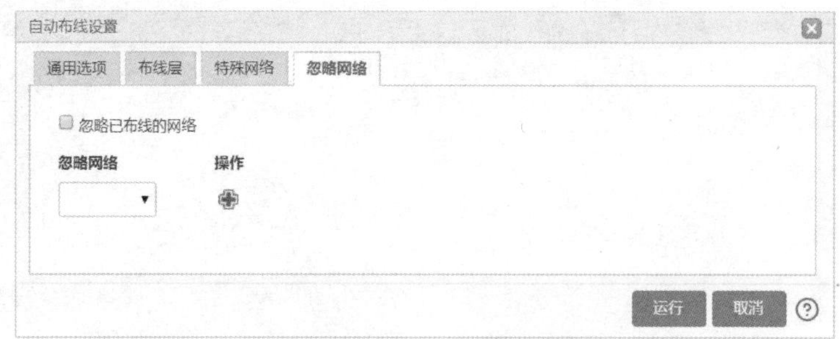


图 6-5 “自动布线设置”对话框中的“忽略网络”

内容全部设置好以后，单击“运行”按钮，就开始自动布线了。

## 6.3.2 手动布线

当自动布线满足不了我们的要求，就需要我们手动布线了。使用“PCB 工具”悬浮窗口中的“导线”工具，就可以开始手动布线了。

手动布线之前，我们可以设置好默认的线宽和拐角。在 PCB 画布空白处单击，在界面右侧的属性面板“其他”下面，可以修改线宽和拐角。设置好线宽后，以后每次放置的线宽，都会是这里设置的宽度值。“拐角”有 4 个选项，分别是 45°、90°、自由拐角、圆弧，可以根据自己的需求来设置，一般设置为 45°拐角。

布线需要遵循一定的原则，否则做出来的电路板可能会工作不正常。布线的规则有很多，例如，不要在高频电路中使用 90°拐角，以及小于 90°的拐角。

放置好的导线，也可以单击导线，选中以后，在界面右侧的属性面板中修改导线的宽度值，或者按 Delete 键删除。在“层与元素”悬浮窗口中，可以选择顶层或者底层布线。

## 6.3.3 放置过孔

在顶层连接导线的过程中，会有一些导线的路“走不通”，这时，就需要把导线绕到底层进行连接。例如，在顶层走线的过程中，挖个孔穿到底层，继续在底层走线，走到合适的地方后，再挖个孔把导线穿上来，继续在顶层走线，最终完成两个引脚的连接。这里提到的“孔”，就是“过孔”。

在“PCB 工具”悬浮窗口中，单击“过孔”工具，就可以在 PCB 中放置过孔了。如果过孔放置到导线上，过孔的网络就是导线的网络。如果过孔放置的空白处，过孔默认没有网络；如果想让某条导线连接到过孔上，需要先把过孔的网络设置成导线的网络。

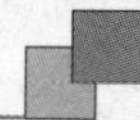

### 6.3.4 覆 铜

在 PCB 布线完成之后，往往还需要给 PCB 覆铜。覆铜，就是在 PCB 上闲置的地方铺铜，一般情况下，我们习惯把铜接地线。覆铜接地，可以减小地线阻抗，提高抗干扰能力。不过，要想达到效果，还需要掌握一定的原则和技巧。

① 覆铜分为实心覆铜和网格覆铜两种形式。这两种形式各有优缺点，建议在高频电路中使用网格覆铜，这样抗干扰能力更强；在低频需要大电流的场合，使用实心覆铜。大面积覆铜，一定要用网格覆铜，如果用实心覆铜，在过波峰焊以后，电路板就会翘起来。

② 模拟地和数字地要分开覆铜，并采用单点连接的形式。

③ 晶振是高频发射源，晶振周围需要环绕覆铜。

④ 天线千万不能被覆铜包围，否则，就发射不出去信号，也接收不到信号了。

### 6.3.5 放置图片 LOGO

在 PCB 板上，我们往往需要放一些 LOGO，而 LOGO 往往都是图片格式的。接下来介绍如何在立创 EDA 的 PCB 编辑器中放置图片 LOGO。

在电路板上的 LOGO。一般有两种显示效果：一种是丝印层显示的白色 LOGO，另外一种是开窗的 LOGO，如果是镀锡工艺的 PCB，效果就是银色的；如果是沉金工艺的 PCB，效果就是金黄色的。不管是哪种方式的 LOGO，最好使用一张黑白色的图片，如图 6－6 所示。

图 6－6 黑白色图片 LOGO

下面介绍制作图片 LOGO 的方法。

在 PCB 编辑器界面，单击“PCB 工具”悬浮窗口中的“图片”工具，弹出“插入图片到 PCB”对话框。

在对话框中，单击“选择一个图片”按钮，把要添加的图片打开，图 6－7 所示是打开 LOGO 图片以后的界面。图中，左边是原图，右边是转化好以后的 LOGO，白色的部分已经变透明。支持打开多种图片格式的文件，例如 JPG、PNG、GIF、BMP、SVG 等。

如果右侧的图片 LOGO 不太满意，还可以通过调整“颜色容差”“简化水平”滑动条来调整 LOGO 的显示效果，直到您满意为止。

“图形反转”选择框的效果是黑白反转，比如，选择图片反转后，原来黑色的部分会变透明，白色的部分变成黑色。

“图片尺寸”用来控制图片的长和宽。如果你确定好了长宽尺寸，可以在这里填写；如果你没有确定好大小，这里可以不用填，因为图片到了 PCB 里面以后，还可以通过图片属性面板来设置图片的大小。

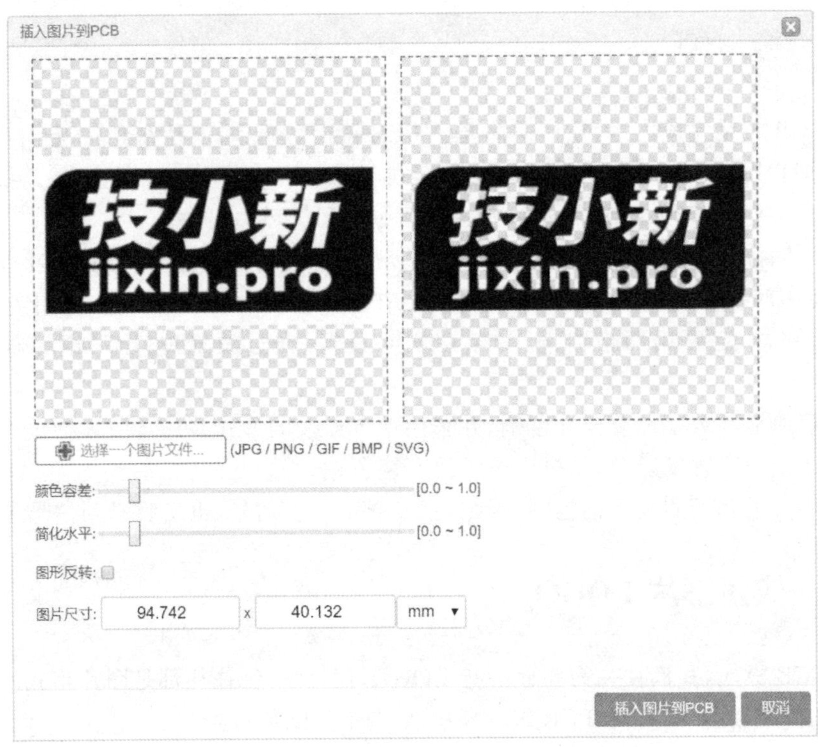


**图 6-7 “插入图片到 PCB”对话框**

在图 6-7 中，单击“插入图片到 PCB”按钮，图片就会附着在光标上，在合适的位置单击，就可以把图片放置到 PCB 画布上。

图片放到画布之后，放之前在哪个层编辑，就会放到哪个层。单击图片，在右侧出现的属性面板中，可以设置图片放置到哪个层。如果设置放到丝印层，未来的 LOGO 就是白色的。因为丝印层上的内容，最终在 PCB 上一般都是白色的，例如元器件的编号、丝印层文字注释等。

在右侧属性面板中设置宽和高的值可以修改图片的大小。

如果想设置 LOGO 为开窗样式，还需要进一步的操作，大致分为两种情况。

① 把图片设置为阻焊层，放置到已经被覆铜的区域。

② 如果放置到非覆铜区域，需要复制一个一模一样的图片，一个设置为顶层，另一个设置为阻焊层，重叠放在一起。

以上两种方法，都可以实现开窗效果，做好之后，可以使用“照片预览”功能预览效果。

如果想要调整层的上下层叠顺序，可以选中元素以后，执行主菜单“旋转与镜像”→“移到顶层”或“移到底层”命令来调整。

## 6.4　PCB 预览

在完成 PCB 布线之后，或者在 PCB 布线的过程中，又或者是在 PCB 布局的过程中，可以随时使用 PCB 预览功能。

立创 EDA 的 PCB 预览功能，分为“照片预览”和“3D 预览”。两者都可以把 PCB 渲染成实物的样子，帮助我们提前观察一下 PCB 制作出来的模样。有些问题，只有看到 PCB 实物才能发现，所以，这个功能，对检测 PCB 非常有用。

接下来看一下这两种预览效果有什么不同之处。

### 6.4.1　照片预览

照片预览，顾名思义，照片预览的效果，就好像是把 PCB 拍了个照片。照片预览下，可以看到 PCB 的正面和反面。在 PCB 设计界面，通过主菜单“预览”→“照片预览”命令，就可以进入照片预览界面。图 6－8 所示是 XL6008 电源模块的 PCB 照片预览效果。

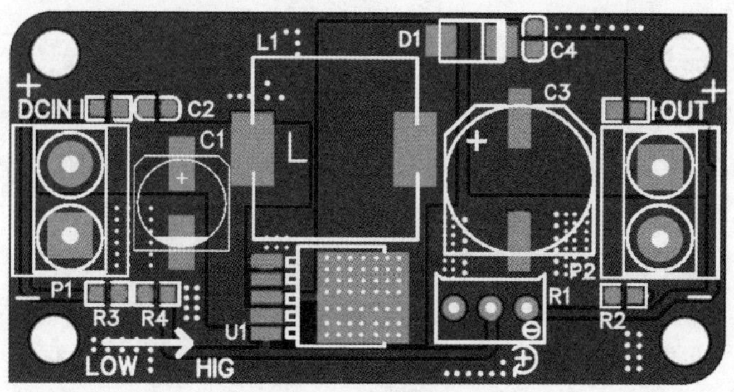


图 6－8　照片预览

在照片预览界面的右侧，可以修改一些显示效果。板子颜色可以修改为绿色、蓝色、红色、黄色、黑色、紫色、铜色。焊盘喷镀可以修改为金色、银色。可以设置丝印是否显示，还可以切换显示顶层和底层。

### 6.4.2　3D 预览

3D 预览和照片预览相比，照片预览就相当于 3D 预览中的顶视图和底视图。可见，3D 预览的效果，要比照片预览更加真实。在 PCB 设计界面，通过主菜单“预览”→“3D 预览”命令，就可以进入 3D 预览界面。图 6－9 所示是 XL6008 电源模块的 3D 预览效果，使用鼠标就可以对其进行放大、缩小、翻转等操作。

在 3D 预览界面的右侧属性面板中，可以修改板子的颜色和焊盘喷镀的颜色，颜色

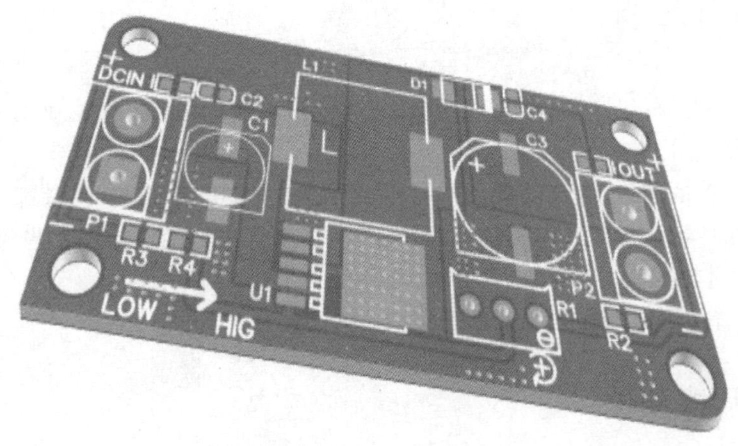


图 6-9 3D 预览

的选项和照片预览中的选项一样。另外,还可以单独选择某些层是否显示,这些层包括:丝印层、阻焊层、助焊层、顶层、底层。

## 6.5 尺寸标注

PCB 电路板的长宽、安装孔之间的间距,最好都进行标注,否则每次想查阅这些参数,还需要费一番工夫。

"标注"工具位于"PCB 工具"悬浮窗口中,最好放置在文档层,这样就不会影响 PCB 的生产了。还可以通过"层与元素"工具关闭和开启文档层的显示来选择是否显示尺寸。

# 第7章 电路板的生产

PCB绘制完成之后，就可以进入电路板的生产环节了。导出电路板的 Gerber 文件，交给电路板生产厂家，厂家就可以把电路板生产出来。立创 EDA 可以把 PCB 文件一键生成 Gerber 文件，无需复杂的配置。

## 7.1 输出 Gerber 文件

Gerber 文件是一种标准格式，不管你用什么 PCB 设计软件，最终都会按照 Gerber 文件的标准要求生成 Gerber 文件。Gerber 文件不是一个文件，而是一堆文件的集合。这些文件包括线路层、阻焊层、字符层以及钻、铣等数据，电路板生产厂家，会依照这些文件中的数据来生产电路板。

### 7.1.1 一键生成 Gerber 文件

执行主菜单命令"生成制造文件(Gerber)"，在弹出的窗口中单击"生成 Gerber"，Gerber 文件就开始下载了。下载完之后，是一个压缩文件，后缀为 zip。解压之后，我们看一下这个文件夹当中包含哪些文件。不同的 PCB 工程项目中，最后生成的 Gerber 文件中包含的文件可能不同，一般来说，自动生成的 Gerber 文件会包含 PCB 绘制中所有用到的层。

Gerber 文件夹里面的文件，有着不同的后缀，这些后缀，就代表着不同功能。后缀前面的文件名只起到一个提示的作用，电路板厂家真正看的是文件名的后缀。

**(1) Gerber_BoardOutline. GKO**

GKO 文件，G 代表 Gerber，KO 代表 KeepOuter，即禁止布线层。PCB 工厂用它来做边框层，用来确定电路板的形状和尺寸。

**(2) Gerber_TopLayer. GTL**

GTL 文件，G 代表 Gerber，TL 代表 TopLayer，即顶层。这个文件中记录电路板顶层的铜箔走线数据。

**(3) Gerber_BottomLayer. GBL**

GBL 文件,G 代表 Gerber,BL 代表 BottomLayer,即底层。这个文件中记录电路板底层的铜箔走线数据。

**(4) Gerber_TopSilkLayer. GTO**

GTO 文件,G 代表 Gerber,TO 代表 TopOverlay,即顶层丝印层。这个文件记录了电路板顶层的字符数据。

**(5) Gerber_BottomSilkLayer. GBO**

GBO 文件,G 代表 Gerber,BO 代表 BottomOverlay,即底层丝印层。这个文件记录了电路板底层的字符数据。

**(6) Gerber_TopSolderMaskLayer. GTS**

GTS 文件,G 代表 Gerber,TS 代表 TopSolder,即顶层阻焊层。这个文件记录了电路板顶层应该露铜的地方。

**(7) Gerber_BottomSolderMaskLayer. GBS**

GBS 文件,G 代表 Gerber,BS 代表 BottomSolder,即底层阻焊层。这个文件记录了电路板底层应该露铜的地方。

**(8) Gerber_TopPasteMaskLayer. GTP**

GTP 文件,G 代表 Gerber,TP 代表 TopPaste,即顶层助焊层。这个文件记录了电路板顶层贴片元器件的焊盘坐标、形状、大小等数据,用于制作钢网。

**(9) Gerber_BottomPasteMaskLayer. GBP**

GBP 文件,G 代表 Gerber,BP 代表 BottomPaste,即底层助焊层。这个文件记录了电路板底层贴片元器件的焊盘坐标、形状、大小等数据,用于制作钢网。

**(10) Gerber_Drill_PTH. DRL**

DRL 文件,即钻孔层。这个文件记录了电路板中所有的开孔数据,包括孔的大小、坐标等数据。

## 7.1.2 Gerber 文件检查

电路板在批量生产之前,往往需要先打样。即使是经验丰富的工程师,也不敢保证第一次设计出来的 PCB 可以用于批量生产。打样,就是先生产 5～10 张电路板,把元器件焊接到电路板上以后,就是样机,样机测试成功以后,才可以量产。如果不经过打样就进行量产,一旦出了问题,可能会造成很大的经济损失。而且,并不是打样一次,就可以去量产。如果第一次打样出现问题,还需要修改然后进行第二次打样,直到试机成功,才可以进行批量生产。

其实,为了确保电路板可以正常运行,在整个 PCB 设计过程中,都需要耐心地检查。例如,在原理图设计阶段、PCB 布局阶段、PCB 布线阶段,都需要进行相应的检查与错误排查。到了提交 Gerber 文件的时候,也需要对 Gerber 文件进行检查,检查无误

之后，再提交给电路板生产厂家。

要检查 Gerber 文件是否正确，就需要一款 Gerber 文件查看软件。这里推荐大家使用 Gerbv 软件，这是一款开源免费的软件。

官方网址：http://gerbv.geda-project.org/。

下载地址：https://sourceforge.net/projects/gerbv/files/。

软件无需安装，下载后解压出来就可以双击打开使用。

## 7.2　输出 BOM 表

BOM 是 Bill of Material 的简称，意思就是材料清单，在这里，就是元器件清单。在原理图设计界面和 PCB 设计界面，都可以执行主菜单命令"导出 BOM"来导出 BOM 文件。BOM 文件后缀是 CSV，可以使用 EXCEL 软件打开。在 BOM 表中，自动记录了元器件的名称、编号、封装、数量等信息。有了 BOM 表，我们就可以很方便地采购元器件了。立创 EDA 的 BOM 输出有两种情况：

① 当工程内有原理图时，BOM 会从原理图获取生成；

② 当工程内只有 PCB 文件时，BOM 会单独从哪个 PCB 文件获取生成。

## 7.3　手把手教你 PCB 下单

在很早以前，PCB 下单需要联系工厂的业务员，通过 QQ 或者邮箱把 Gerber 文件发送给厂家，然后还需要沟通工艺参数方面的问题。现在，几乎所有的 PCB 生产厂家都支持在线下单，通过网页选择一些工艺参数等信息，就可以完成下单了，完全自助，无需人工干预，下单成功后，还可以随时在线查看 PCB 生产到了哪个工艺环节。

下面就以嘉立创厂家为例来介绍 PCB 下单的流程。

### 7.3.1　登录下单平台

进入嘉立创下单平台有两种方式。一种是直接输入网址：www.sz-jlc.com。网址即"深圳嘉立创"的拼音首字母。进入嘉立创网站以后，先登录，然后进入下单平台。嘉立创和立创 EDA、立创商城的账号是通用的，无需再次注册。另外一种是通过嘉立创下单小助手软件进入下单平台，推荐使用这种方式。下单小助手可以在嘉立创的网站上下载。进入下单平台后，在左侧的导航菜单中找到"PCB 订单管理"→"在线下单"，并单击进入，如图 7-1 所示。

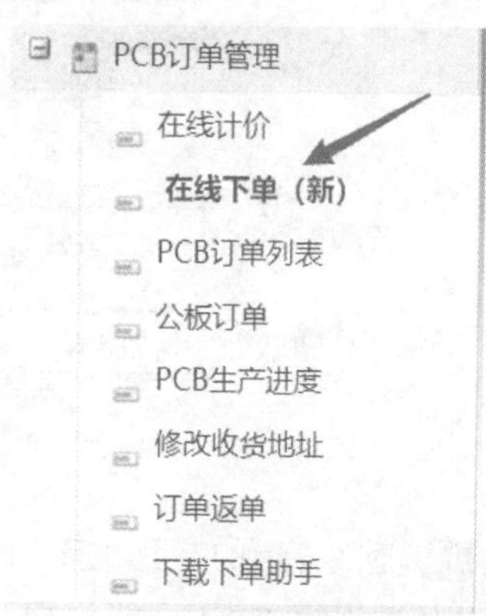


图 7-1　找到"在线下单"

## 7.3.2 确定工艺参数

进入在线下单页面后，在最上方需要填入 PCB 的基本信息：板子尺寸、数量、层数，如图 7－2 所示。板子长和宽的单位是厘米。板子数量需要选择，如果是打样，一般选择最少的数字 5 就可以。板子层数默认是 2，因为大部分电路板都是双层板，另外还有单层、四层、六层，根据你的 PCB 设计层数进行选择。

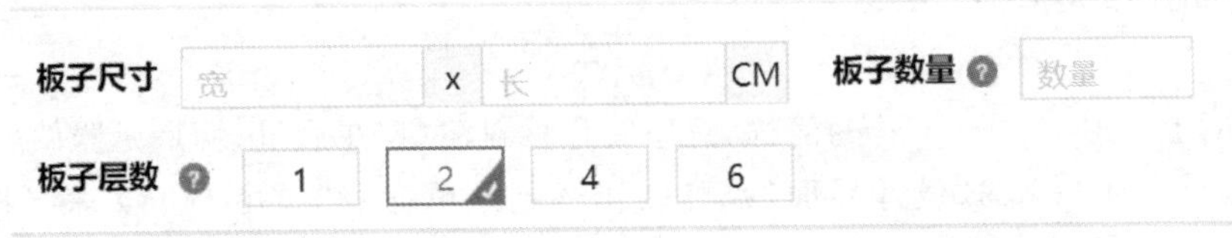


图 7－2 PCB 基本信息

### 1. PCB 工艺信息

PCB 工艺信息如图 7－3 所示，下面分别描述它们的参数填写方法。

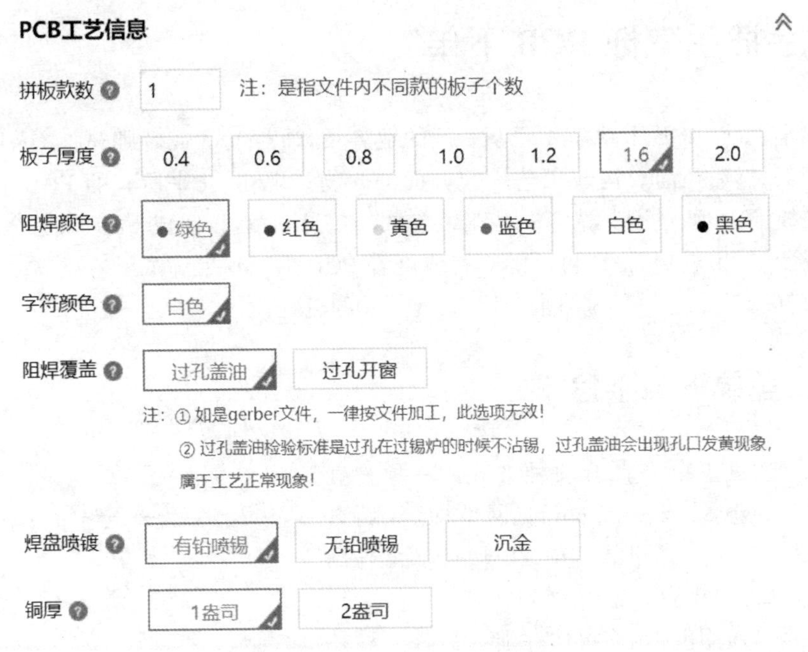


图 7－3 PCB 工艺信息

拼板款数：指的是你的 PCB 文件中有几款 PCB。有时，我们需要同时做很多款电路板，为了节约成本，可能会把几款 PCB 拼成一个。如果你的 PCB 文件中，有两款不同的板子，这里就填 2。大多数情况下，我们只做一款电路板，所以这里填 1。

板子厚度：指的是电路板的厚度，单位是 mm，厚度 1.6 的电路板是最常用的，如果没有特殊需求，默认 1.6 就可以。

阻焊颜色：如果你见过很多电路板，你就会发现电路板有各种颜色，最基本的颜色是绿色，另外还有红、黄、蓝、白、黑这几种颜色可选。绿油电路板，走线清晰；白油和黑油电路板，会显得比较高端，但是走线不清晰；具体使用哪一种颜色，看个人喜好，它们并不会影响电路板的运行。如果没有特殊需求，选择绿色就可以。

字符颜色：只有白色可选。

阻焊覆盖：分为过孔盖油和过孔开窗两种效果。过孔开窗的效果，就好像焊盘一样，这样做的好处是可以把过孔当作测量点，如果不需要过孔作为测量点，就不需要过孔开窗。如果不开窗，那就是过孔盖油。过孔开窗和盖油，在 PCB 设计时，就已经设计好了。如果是 Gerber 文件，这里就不用选择了。

焊盘喷镀：分为有铅喷锡、无铅喷锡、沉金三种情况。无铅是环保工艺，有铅是非环保工艺；喷锡后的颜色是银色，沉金后的颜色是金色，沉金工艺的焊盘、导电性和焊接牢靠度比较好。如果是打样，建议选择有铅喷锡；如果是批量，建议选择无铅喷锡和沉金工艺。

铜厚：指的是 PCB 上铜箔的厚度。1 盎司是通用的，如果电路板上过的电流比较大，或者其他对厚度的需求，可以选择 2 盎司。

### 2. SMT 贴片选项

SMT 贴片选项如图 7-4 所示，嘉立创提供 SMT 贴片服务。目前主要针对样板焊接，如果你想节省时间，可以选择“需要”，让嘉立创负责元器件的焊接；如果不需要这个服务，选择“不需要”。如果选择了需要嘉立创 SMT 贴片服务，还需要去 SMT 贴片加工菜单中在线下 SMT 订单。

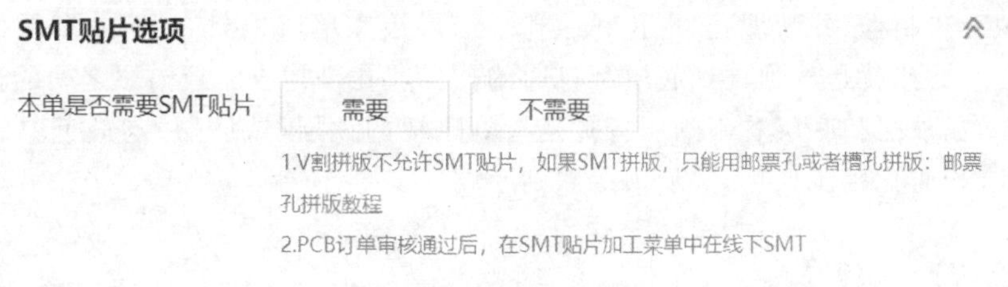


图 7-4　SMT 贴片选项

### 3. 激光钢网选项

激光钢网选项如图 7-5 所示。激光钢网用于 SMT 贴片，在批量焊接加工的时候会用到。当你找到一家 PCB 焊接服务厂家后，你需要给厂家提供生产好的 PCB 空板、需要的电子元器件、钢网。根据自己的需求，如果需要钢网，就选择“需要”。

最后，把发货信息、发票信息填好，就可以下单了。下单后，一般当天就可以上生产线，并且可以在下单页面左侧的“PCB 生产进度”中跟踪生产进度。

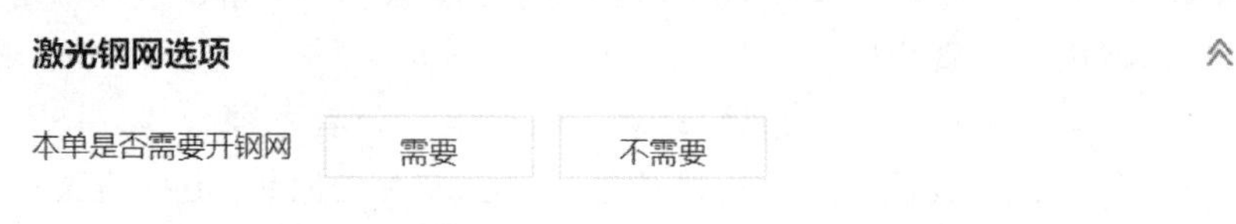


图 7-5　激光钢网选项

## 7.4　电路板生产流程

电路板生产需要多道工序才可以完成，且每一道工序都很重要，下面以嘉立创的生产工序为例，介绍电路板的生产流程。

### 7.4.1　MI

MI，英文全称是 Manufacturing Instruction，翻译成中文，即生产指示。在这个环节，会有专门的 MI 人员负责，主要有两方面的工作，一是检查客户的文件，二是制作 MI 文件。MI 文件用来指导整个 PCB 的生产过程，在 PCB 生产工序中，起着举足轻重的作用。

### 7.4.2　钻　孔

在 PCB 上，有很多地方需要开孔，比如，直插焊盘、过孔、安装孔等。

按照是否金属化，分为电镀孔（PTH）和非电镀孔（NPTH）。例如，直插焊盘和过孔属于电镀孔，用“孔”工具制作的机械孔，属于非电镀孔。

按照工艺制程，分为埋孔、盲孔和通孔。二层板和单层板只有通孔，多层板会有埋孔和盲孔。通孔就是从顶层到底层都打通的孔。埋孔是指电路板内层之间的负责电气连接的孔，在顶层和底层看不到。盲孔是指电路板的顶层（或底层）与最近的内层之间的电镀孔，和通孔相比，它无法从顶层看到底层。

### 7.4.3　沉　铜

沉铜是指在电镀孔的孔壁上沉积一层铜，使原本不导电的孔壁具有导电性，一般使用化学反应原理完成。沉铜的厚度一般是 0.3～0.5，之后还需要电镀加厚。其化学反应原理是利用甲醛在强碱性环境中的还原性使络合铜离子还原成铜。

### 7.4.4　线　路

沉铜工序完成之后，就该进行线路曝光和显影的工序了。

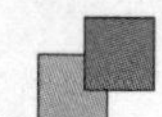

沉铜后的电路板进入曝光房之后，首先会在板子上压上一层干膜，将线路菲林（类似胶卷底片）与压好干膜的电路板层叠在一起。在菲林上，有线路的地方是黑色的，因为黑色挡光，所以有线路的地方不会被曝光，没有线路的地方就被曝光了。曝光就是把干膜中的化学成分去除。

线路曝光完成后，进入线路显影环节，显影会在显影机中进行。显影完成后，会将焊盘内的铜箔露出来。

### 7.4.5 图　电

图电的全称是图形电镀，在"沉铜"环节，电路板导电孔内壁已经上了一次铜，这次是第二次上铜，使铜厚增加。不过，图电并不仅仅是给导电孔的内壁上铜，图电还负责给线路上铜。在上一步显影后，线路已经露出，这时做图电工序，正好将这些露出的线路上铜。没有线路的地方，由于干膜的保护，就没有被上铜。

### 7.4.6 蚀　刻

蚀刻的目的是将前面工序做出的线路板上的没有受到保护的非导体部分铜蚀刻掉，形成成品线路图形。

### 7.4.7 AOI

AOI，即 Automatic Optical Inspection，翻译过来，就是自动光学检测。AOI 检测的原理是，通过光学扫描出 PCB 图形，然后再与资料中的标准图形做对比，找到 PCB 上图形的缺点。它可以检查出的问题有：铜渣、针孔、凹陷、凸铜、缺口、孔塞、孔破、短路、开路等瑕疵。

### 7.4.8 阻　焊

阻焊，就是给电路板上油，最长用的是绿油，另外，还可以用蓝油、红油、白油、黑油、黄油、紫油。

给电路板上油的目的：

① 防焊：除了焊盘和要求开窗的铜面部分外，其他铜面和线路都用绿油覆盖，可以防止在过波峰焊时给铜箔部分上锡，节省焊锡。

② 护板：防止空气中的某些气体成分氧化线路，损坏电气性能，同时，也可以防止一般的机械摩擦损坏线路。

③ 绝缘：防止电路板与其他可以导电的物体接触造成线路干扰，也防止相邻的线路之间发生短路。

### 7.4.9 字 符

我们在电路板上看到的白色字符，就是执行完这一步以后形成的。字符可以帮助我们识别元器件，也方便维修，采用丝网印刷的方式做字符，一般使用白色油墨，经过高温烘烤硬化。

### 7.4.10 喷锡(沉金)

经过了上一个工序，PCB 上的焊盘和开窗的部分还都是铜，铜层易被氧化，影响焊接，所以这一步我们要做喷锡或者沉金操作。执行完这一步工序之后，焊盘就容易焊接，也不易氧化了。

### 7.4.11 锣边 V-CUT

这一工序的目的是让板子裁剪成客户所需的规格尺寸，一般用车床进行器械切割。

### 7.4.12 测 试

这一环节主要检测 PCB 是否有开路、短路。

### 7.4.13 QC

这一环节做的是品质的检查，主要对外形做检查，如果前面的工序都完成得很好，这里应该是不会有问题的。

### 7.4.14 包装发货

PCB 制作好以后，就可以打包发货了。

# 第 8 章

# TP4056 锂电池充电器电路设计

锂电池是当前市场上使用非常广泛的一种化学电源，我们现在的很多常用电器当中都可以发现它的身影，比如手电筒、理发器、剃须刀等。锂电池对充电和放电有严格的要求，如果处理不当，就可能损坏。

锂电池的标称电压是 3.7 V，实际上，锂电池充满电的最大电压是 4.2 V，“使用完”的电压一般不能低于 3.0 V。锂电池使用过程中，如果电压低于 3.0 V，就有可能永久损坏锂电池，再也无法充进去电。如果在充电的过程中，锂电池电压高于了 4.2 V，也可能会永久损坏锂电池，甚至可能会燃烧。所以，合理设计一款锂电池充电器，是非常必要的。

本章我们将使用南京拓微集成电路有限公司研发生产的 TP4056 芯片为主控，来设计一款单节锂电池充电器电路板。TP4056 是一款完整的单节锂离子电池充电器管理芯片，最大充电电流可达 1 A，使用较少的外部元器件就可以完成一个充电器电路，所以该芯片被广泛应用于便携式电路设计中。

TP4056 芯片内部有防倒充电路设计，所以不需要在外部加隔离二极管了。内部的热反馈机制可以对充电电流进行自动调节，芯片如果太热，就会减小充电电流，从而对芯片温度加以限制。

## 8.1 电路设计规划

任何一个电路的设计，都必须要参考电路中用到的所有芯片的数据手册。在芯片的数据手册上，一般都会给出该芯片的参考电路和电路设计中应该注意的地方。

我们现在要设计的电路中，只有一个芯片 TP4056，所以，务必把这个芯片的数据手册看一遍。注意，芯片的数据手册，一定要在官网下载。其他地方下载的，要么是版本太陈旧，要么是其他厂家生产的同型号产品，有些参数可能不一致。官网下载的数据手册，一定是最新版本。数据手册的英文写作 datasheet。

在 TP4056 的数据手册上，可以了解到该芯片的所有信息，对于绘制原理图，我们需要该芯片的引脚定义、典型电路、PCB 封装等信息。比如该芯片的封装为 SOP－8，共 8 个引脚。如图 8－1 所示，是官方数据手册给出的 TP4056 典型应用电路图。

为了搞清楚电路中每一个外围元器件的作用，我们还需要看数据手册中的引脚定义以及对引脚功能的描述。

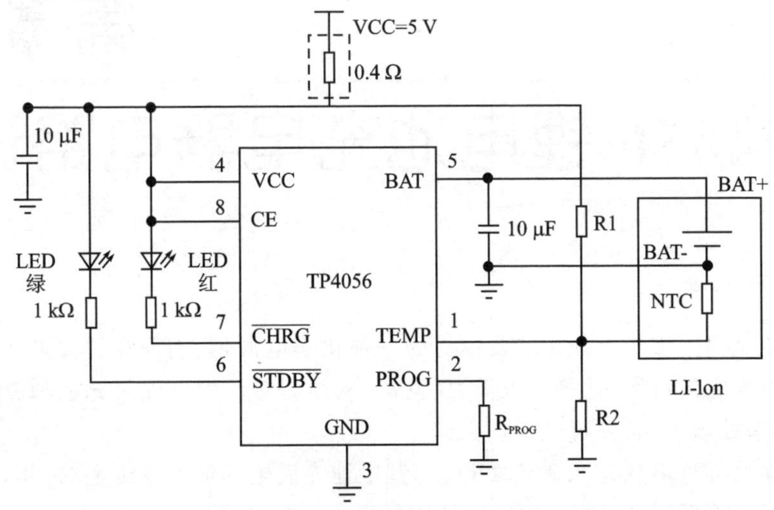


**图 8－1　TP4056 典型应用电路图**

在典型应用电路中，VCC＝5 V 下面接了一个 0.4 Ω 的电阻，这个电阻的作用是对电源电压进行分压，减小 TP4056 的输入电压，从而减小 TP4056 在充电时的热损耗，其自身也可以耗散一部分功率。

接 VCC 的 10 μF 电容，和接 BAT 的 10 μF 电容，是电源滤波电容，用来平稳电源。

$\overline{\text{CHRG}}$ 引脚连接的红色 LED，当充电时，该引脚被拉低，LED 亮，指示正在充电。$\overline{\text{STDBY}}$ 是充电完成指示引脚，在充电的时候，该引脚处于高阻态，当充电完成时，该引脚被拉低，绿色 LED 亮，指示已经充满电。

PROG 引脚连接的电阻，用来设置充电电流的大小，电阻值与电流值的对应关系参见数据手册。从数据手册中得知，如果我们要想让充电电流达到 1 A，则需要给 PROG 引脚接 1.1 kΩ 的电阻。

R1、R2 电阻与 TEMP 结合，用来监测电池温度，但是，需要锂电池内部有 NTC 热敏电阻，因为我们做的是通用的充电器模块，客户的锂电池中不一定有 NTC 热敏电阻，所以，我们这里就不必加 R1 和 R2 电阻了，直接把 TEMP 引脚接地，禁止这个功能。

## 8.2　创建工程文件

① 打开浏览器，在地址栏输入 lceda.cn，进入网站后，登录，然后再打开编辑器。进入编辑器以后，你可以看到网址是 https://lceda.cn/editor，你也可以直接输入这个

网址进入编辑器，但是要注意一定要登录。

② 在编辑器界面执行主菜单中的“文档”→“新建”→“工程”命令，弹出“新建工程”对话框。所有者就是你自己，或者是你的团队。标题输入“TP4056 充电模块”，或者你也可以输入其他的名称。路径会自动填充好。描述可写可不写。可见性可以先设置为“私有”，然后单击“保存”按钮，如图 8－2 所示。

新建工程

所有者: ration 创建团队

标题: TP4056充电模块

路径: https://lceda.cn/ration/ tp4056-chong-dian-mu-kuai

描述:

可见性: 私有(只能你能看到并修改它)
公开 (只有你能修改该工程，所有人都可以看到它)

保存　取消

**图 8－2　“新建工程”对话框**

之后，我们可以在左侧导航菜单的“工程”下看到新建的工程名称，同时，在主界面上，已经自动生成了一张原理图，原理图的名称和工程名称一样。如果这时候，单击“TP4056 充电模块”工程名称前面的三角形按钮查看工程下的文件，你会发现什么都没有。这时候，我们需要在界面主菜单中执行“文档”→“保存”命令，然后在工程下就有原理图文件了。

# 8.3　绘制原理图

因为 TP4056 的集成度很高，所以这个充电器的电路设计是非常简单的。只需要把电源输入和电池接口设计好，电路就基本成型了。

## 8.3.1　电源电路

我们采用 USB 接口给电源供电。USB 接口分为很多种，目前使用比较广泛的有 4 种接口：USB－TYPE－A、Mini－USB、Micro－USB、USB－TYPE－C。它们的外形如

图 8-3 所示。其中,TYPE-A 是最常用的 USB 接口;Micro-USB 常被称为安卓口;Mini-USB 口比 Micro-USB 口稍大一些,常被用在玩具上;TYPE-C 是目前新流行起来的 USB 接口,最新的手机接口一般都是这个接口,支持正反插。

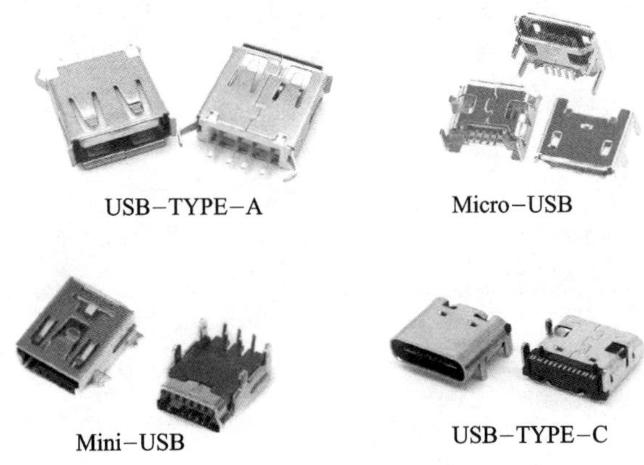


**图 8-3 几种不同的 USB 连接器**

这里,我们选择使用 Mini-USB 接口。Mini-USB 和 Micro-USB 接口的引脚都是 5 条,引脚定义和顺序都相同。在电路中,我们只需要使用电源引脚就可以。除了 USB 接口,还可能有其他的电源输入方法,所以,我们再给电路板上放两个直插焊盘,用来作为输入电源的正极和负极。最后的电源电路如图 8-4 所示。

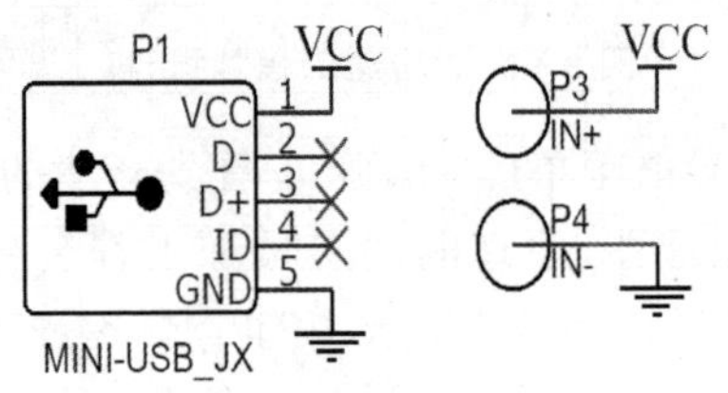


**图 8-4 电源电路**

P3 和 P4 表示电源输入的焊盘,大家可以自己做元件库,只需要使用"椭圆"工具画个圆形,再使用"引脚"工具放一个引脚就可以了。USB 接口的中间 3 个引脚不需要使用,给这几个引脚放置电气工具中的"非连接标志"。

## 8.3.2 主控电路

前面分析了 TP4056 的典型应用电路,根据典型电路,我们画出自己的原理图,如图 8-5 所示。PROG 连接一个阻值为 1.2 kΩ 的电阻,使得该充电器的最大充电电流设置为 800 mA。图中,VCC 后面的 R4 使用阻值为 0.25 Ω、封装为 2010 的贴片电阻,当充电器工作在充电电流最大 800 mA 时,通过 R4 的电流也是 800 mA,我们来计算

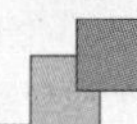

R4 的功率，根据功率计算公式，最大功率为 0.8 A×0.8 A×0.25 Ω，结果为 0.16 W。0805 封装的电阻最大功率为 0.125 W，1206 封装的电阻最大功率为 0.25 W，2010 封装的电阻最大功率为 0.5 W。由此可见，0805 的电阻显然不能使用，1206 的电阻在正常情况下可以使用，但是如果充电电流浮动超过 800 mA 太多，这个电阻就可能被烧毁。为了电路的稳定性，我们选择 2010 封装的电阻。

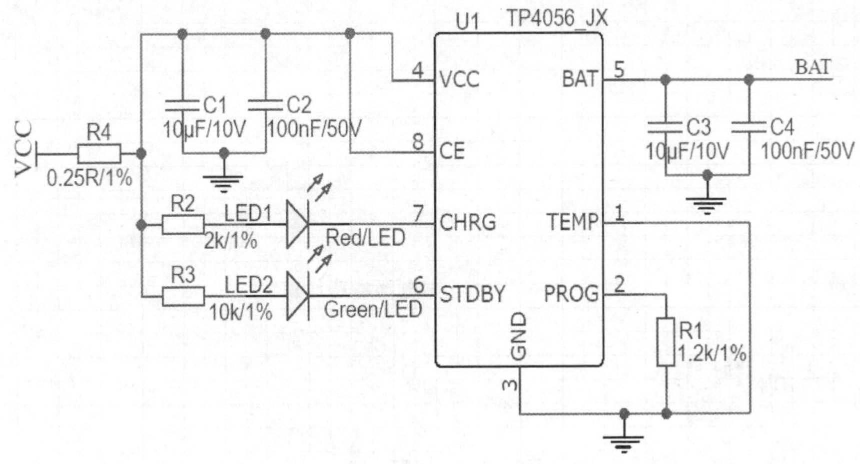


图 8-5　TP4056 主控电路图

## 8.3.3　锂电池接口电路设计

单节锂电池有两条线，一条正极，一条负极。锂电池的接口形式多种多样，我们只能尽量设计一款常用的接口。这里设计一个 XH 连接器接口，间距为 2.5 mm。它的原理图库和封装库如图 8-6 所示。

最终锂电池接口的电路原理图如图 8-7 所示。只需要在 XH-2P 端子的 1 引脚放入网络标签 BAT，2 引脚放置 GND，就可以了。

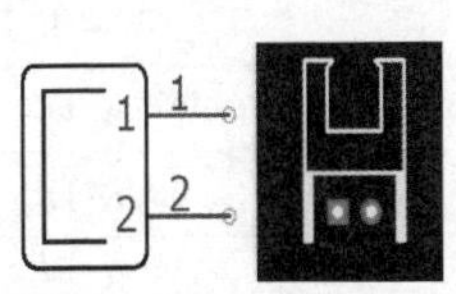


图 8-6　XH-2P 连接器原理图库与封装库

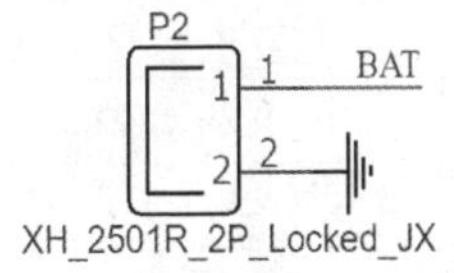


图 8-7　锂电池接口电路

## 8.3.4　整体原理图

如图 8-8 所示，是 TP4056 充电器电路原理图。

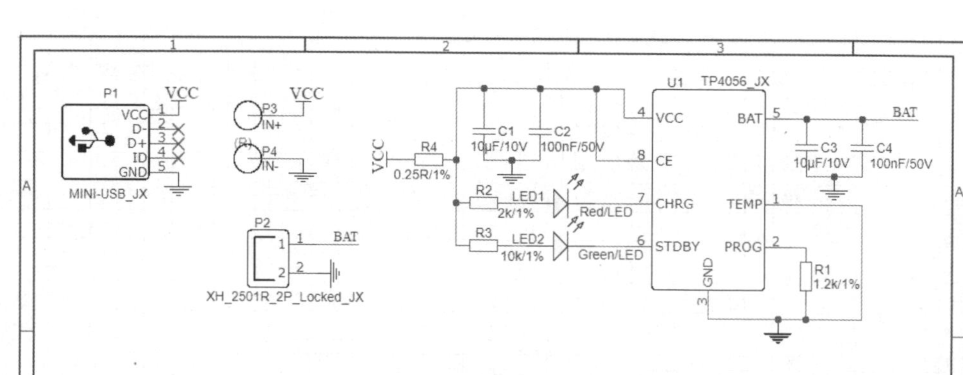


图 8-8 TP4056 充电器电路原理图

## 8.4 绘制 PCB

这里，我们不需要新建 PCB 文件，而是由原理图生成 PCB 文件。

### 8.4.1 原理图转 PCB

原理图转 PCB 之前，必须把所有的元件库设置正确的封装库。在原理图设计界面，单击任何一个元器件，在界面右侧的元件属性面板中，再单击封装的输入框，都会弹出元件封装管理器窗口。在元件封装管理器窗口中，把所有的元件都按照表 8-1 添加正确的封装。

表 8-1 TP4056 电路板元件与封装的对应关系

| 名 称 | 编 号 | 封 装 |
|---|---|---|
| TP4056_JX | U1 | SOP8_150MIL_JX |
| 1.2k/1% | R1 | 0603_R_JX |
| 2k/1% | R2 | 0603_R_JX |
| 10k/1% | R3 | 0603_R_JX |
| Red/LED | LED1 | 0603_D_JX |
| Green/LED | LED2 | 0603_D_JX |
| 10μF/10V | C1,C3 | 0805_C_JX |
| 100nF/50V | C2,C4 | 0603_C_JX |
| 0.25R/1% | R4 | 2010R |

续表 8-1

| 名　称 | 编　号 | 封　装 |
|---|---|---|
| MINI-USB_JX | P1 | USB_MINI_B_FE_JX |
| XH_2501R_2P_Locked_JX | P2 | XH_2501R_2P_LOCKED_JX |
| IN＋ | P3 | COM_JX |
| IN－ | P4 | COM_JX |

添加好了封装以后,"元件列表"中元件的前面都会有"√"符号,在你浏览每一个元器件的时候,可以看到每一个元器件的封装和引脚的对应关系,便于查错,如图 8-9 所示。

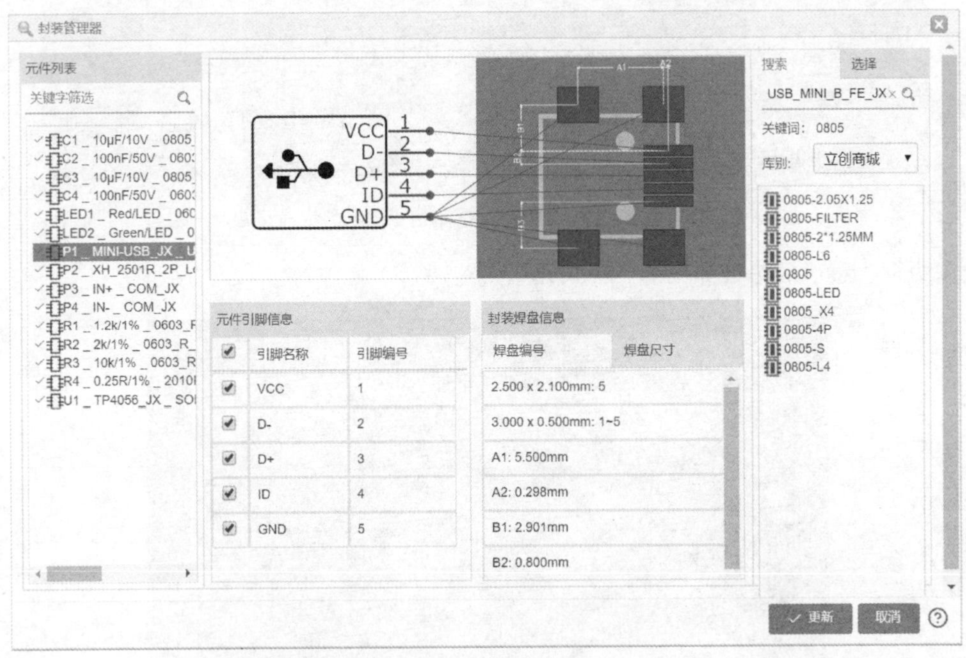


图 8-9　TP4056 电路板封装管理器

最后,执行主菜单"转换"→"原理图转 PCB"命令,立创 EDA 自动生成 PCB 文件,所有的元器件封装库也都放到了 PCB 文件当中。TP4056 电路板 PCB 文件如图 8-10 所示。

## 8.4.2　PCB 布局

### 1. 边　框

选中自动生成的 PCB 边框,然后按 Delete 键删除。由我们自己画边框,首先在层选择工具中,把当前层设置为边框层,然后利用"PCB 工具"中的"导线""圆弧"等工具,

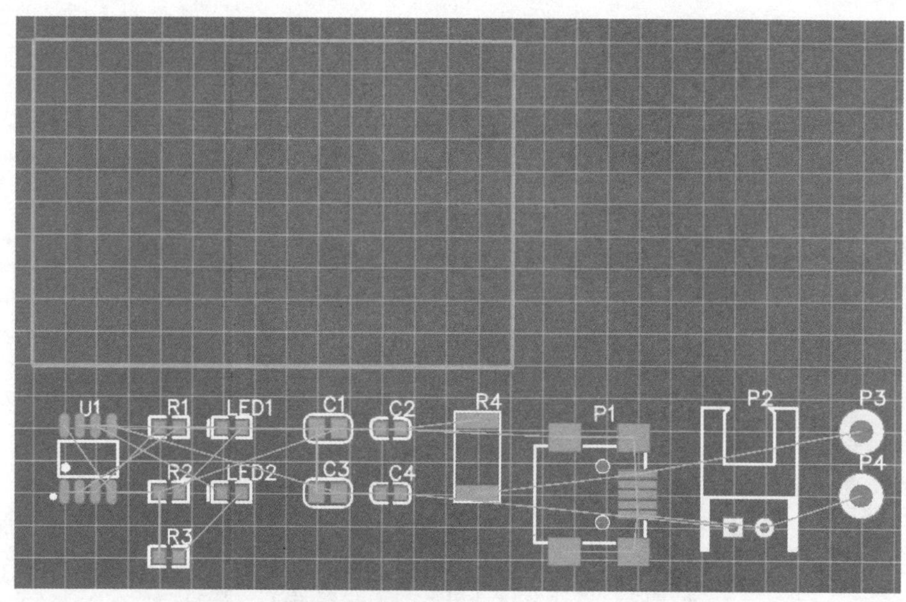


**图 8-10　TP4056 电路板 PCB 文件**

绘制边框。最后的边框如图 8-11 所示。

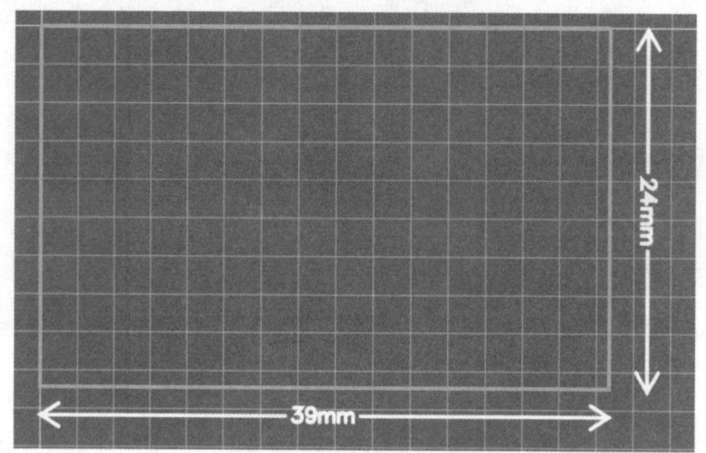


**图 8-11　TP4056 充电器电路板边框**

## 2. 元器件布局

USB 接口一定是在电路板的最边上，我们把 USB 接口放到电路板的左边正中间，把锂电池 XH 连接器放到最右边的正中间。注意 USB 接口和 XH 连接器的方向。其他元器件放置的位置参考图 8-12。布局需要考虑制造和焊接的便利性和可维修性。

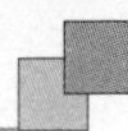

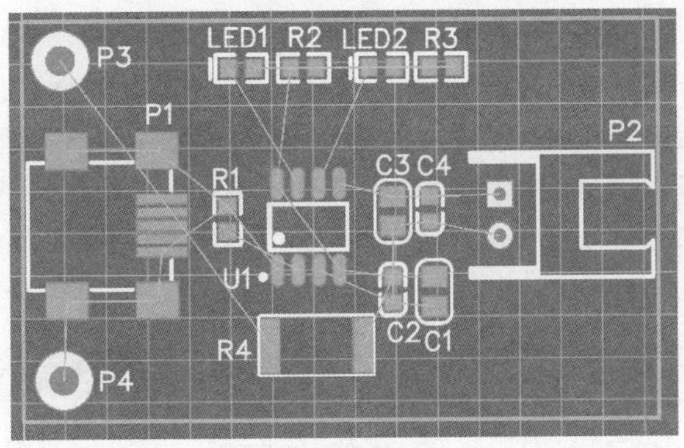


图8-12 TP4056电路板元器件布局

## 8.4.3 PCB布线

### 1. 布 线

用"导线"工具连接元器件之间的引脚。在导线连接的过程中,可以随时为了布线方便微调元器件的位置。VCC引脚和BAT引脚用导线连接成功后,可以再使用"实心填充"工具把引脚加粗。TP4056的芯片底部有散热片,所以我们在TP4056封装的底部用实心填充放置一个矩形,单击这个矩形,在右侧出现的矩形属性面板中,把网络设置为GND,然后单击"创建开窗区"按钮,在这个开窗矩形上,使用"过孔"工具放置一系列过孔,把过孔的网络设置为GND。最后的结果如图8-13所示。

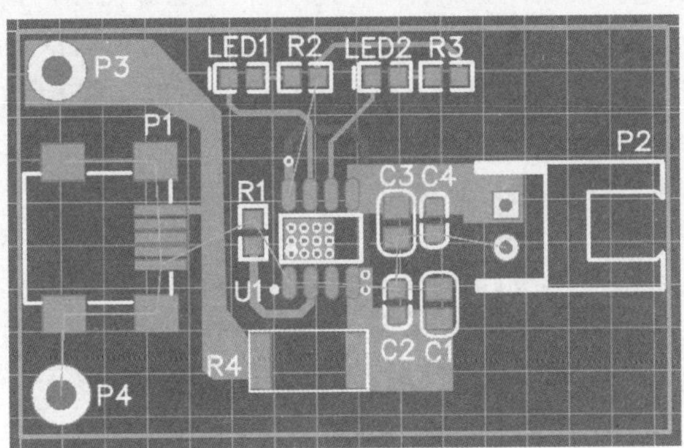


图8-13 TP4056电路板PCB布线

提示:如果暂时不需要绘制GND网络,也不想它干扰布线,可以在左边设计管理器把GND网络线取消勾选,这样画布上将不再显示GND的飞线,在布完其他线后再打开,然后覆铜。

**2. 覆 铜**

在 PCB 工具悬浮窗口中选择“覆铜”工具，在离 PCB 边框的不远处，分别在顶层和底层画一个矩形，覆铜操作就完成了。覆铜完成后，可以在右侧覆铜属性面板中修改覆铜的一些参数，这里，我们把覆铜的间距设置为 0.8 mm。然后，我们可以给电路板上添加一下网络为 GND 的过孔，让顶层和底层的 GND 连接更紧密。TP4056 电路板覆铜如图 8－14 所示。

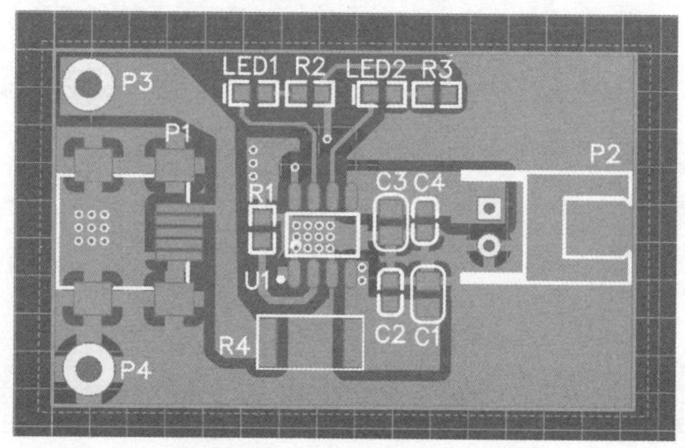


**图 8－14 TP4056 电路板覆铜**

## 8.5 案例源文件

TP4056 充电器电路板是一个比较简单的项目，大家在阅读的同时，一定要跟着操作。在操作的过程中，可能会遇到一些问题，大家可以参考前面章节的内容。

本章介绍的 TP4056 工程案例源文件已经分享给所有立创 EDA 的用户，分享链接为 https://lceda.cn/jixin。

通过扫描下面的二维码，可以直接用手机查看该案例工程。

# 第 9 章

# 0.96 寸 OLED 电路设计实例

OLED 显示器是当今比较流行的一种显示器,目前,OLED 显示器已经用于很多品牌的手机和电视。OLED 的英文全称是 Organic Light - Emitting Diode,翻译成中文是有机发光二极管。和我们一直在使用的 LCD 显示相比,OLED 显示屏的特点有很多。

### 1. 自发光

LCD 是需要背光的,而 OLED 不需要背光,我们来了解一下它的显示原理。OLED 由多层膜层叠而成,通常最外面是两个薄膜导电电极,中间是一系列有机薄膜。这些有机薄膜包括电子传输层、空穴传输层等,最中间是发光层,这是 OLED 的核心层。当电流通过的时候,电荷载流子经过中间的有机薄膜到达发光层,发光层把电能转换成光能,OLED 就发光了。这其中,几乎不会产生热能。

### 2. 广视角

OLED 是自发光的,不像 LCD 那样需要背光灯照射,所以,OLED 基本上没有视角范围的限制,可视角达 170°。

### 3. 较低耗电

由于 OLED 是自发光,所以 OLED 在显示黑色的时候,是不会耗电的。而 LCD 即使显示黑色,背光灯也是亮的。在日常显示图片的时候,OLED 屏幕上总有一些需要黑色或者暗色,整体而言,功耗就会降低一些。

本章我们制作一款 0.96 寸的 OLED 显示器模块,显示器采用深圳全智景公司的 0.96 寸 OLED,它的主控芯片是 SSD1306。接下来,将以显示器为核心,手把手教你设计 OLED 显示。

## 9.1 电路设计规划

图 9 - 1 所示是一款 0.96 寸 OLED 显示器,该显示器内部已经集成了 SSD1306 控

制器，以软排线方式引出了 30 个引脚。

为了让显示器能够正常显示，需要先了解这 30 个引脚的功能。根据引脚的作用，可分为电源、驱动、DC/DC、通信等，另外还有一些保留的引脚。

图 9-1　0.96 寸 OLED 显示器

接下来的电路设计，根据引脚功能分为电源电路设计、通信方式电路设计、通信接口电路设计、复位电路设计和其他部分电路设计。

30 个引脚的定义如表 9-1 所列。

表 9-1　0.96 寸 OLED 引脚功能

| 引脚序号 | 符　号 | 功　能 |
| --- | --- | --- |
| 1 | N. C. (GND) | 保留引脚。在防静电保护电路中，这个引脚要接地 |
| 2 | C2P | 电容 2 正端 |
| 3 | C2N | 电容 2 负端 |
| 4 | C1P | 电容 1 正端 |
| 5 | C1N | 电容 2 负端 |
| 6 | VBAT | DC/DC 转换器电源引脚 |
| 7 | N. C. | 保留引脚 |
| 8 | VSS | 逻辑电路接地端 |
| 9 | VDD | 逻辑电路电源端 |
| 10 | BS0 | 通信协议选择端 0 |
| 11 | BS1 | 通信协议选择端 1 |
| 12 | BS2 | 通信协议选择端 2 |
| 13 | CS# | 芯片选择引脚 |
| 14 | RES# | 复位引脚 |
| 15 | D/C# | 数据/命令控制引脚 |
| 16 | R/W# | 读/写选择引脚 |
| 17 | E/RD# | 读/写允许引脚 |
| 18～25 | D0～D7 | 数据输入/输出引脚 |
| 26 | IREF | 亮度调节电流参考端 |
| 27 | VCOMH | COM 信号输出高电平电压 |
| 28 | VCC | OEL 板供电 |
| 29 | VLSS | 模拟地 |
| 30 | N. C. (GND) | 保留引脚。在防静电保护电路中，这个引脚要接地 |

## 9.2　创建工程文件

① 打开浏览器，在地址栏输入 lceda.cn，进入网站后，登录，然后再打开编辑器。进入编辑器以后，你可以看到网址是 https://lceda.cn/editor，你也可以直接输入这个网址进入编辑器，但注意一定要登录。

② 在编辑器界面的主菜单中，执行“文档”→“新建”→“工程”命令，弹出“新建工程”对话框，如图 9－2 所示。所有者就是你自己，或者你的团队。标题输入 OLED－0.96，你也可以输入其他的名称。路径会自动填充好。描述可写可不写。可见性可以先设置为“私有”，然后单击“保存”按钮。

新建工程

所有者: ration　创建团队

标题: OLED-0.96

路径: https://lceda.cn/ration/ oled-0-96

描述:

可见性: 私有(只能你能看到并修改它)　公开 (只有你能修改该工程，所有人都可以看到它)

保存　取消

图 9－2　新建工程窗口

之后，可以在左侧导航菜单的“工程”下看到刚才新建的工程名称，同时，在主界面上，已经自动生成了一张原理图，原理图的名称和工程名称一样。如果这时候，单击 OLED－0－96 工程名称前面的三角形查看工程下的文件，你会发现什么都没有。这时候，我们需要在界面的主菜单中执行“文档”→“保存”命令，然后在工程下就有原理图文件了。

## 9.3　绘制元件

整块电路板都是以 OLED 显示器为核心，其他元器件，都是常用元器件。下面手把手教你绘制 OLED 的原理图库和封装库。

### 9.3.1 手把手教你绘制 OLED 原理图库

OLED 显示器外观与我们日常所见的芯片有很大的区别，它的原理图库该怎么画呢？我们可以把 OLED 显示器看成是一个有 30 个引脚的芯片，这时也许你就想到了，它的原理图库表现形式其实和其他芯片并没有太大的区别。如图 9-3 所示，就是 OLED 的原理图库。只需要使用“矩形”和“引脚”工具就可以完成了。

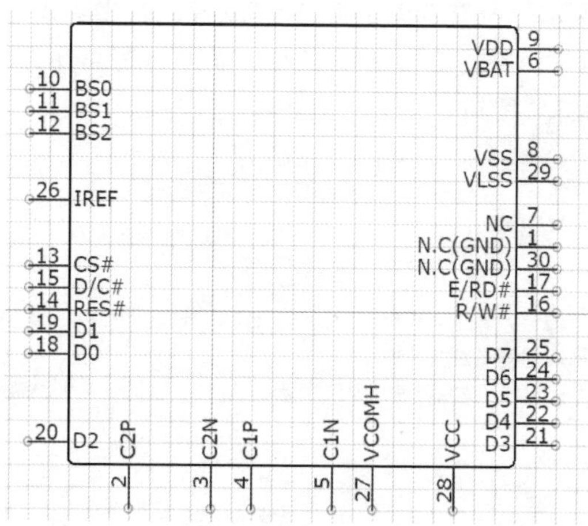


**图 9-3 OLED 原理图库**

原理图库的绘制，并不需要遵循引脚的顺序来放置，可以按照引脚连线的方便性来绘制。只需要引脚序号和封装库的序号对应就可以。

除了这种普通的原理图库绘制方法，你也可以把 OLED 的原理图库做得个性一些。比如，做成和实物差不多形状的样式。

原理图库绘制好以后，记得保存，此处我取的名字是 0.96-OLED-30Pin。

### 9.3.2 手把手教你绘制 OLED 封装库

绘制封装库，需要清楚 OLED 实物的引脚大小和间距。从 OLED 的数据手册上查到的尺寸图如图 9-4 所示。

OLED 引脚的大小是 2 mm×0.4 mm，间距是 0.7 mm。如图 9-5 所示，是绘制好的 OLED 封装库。因为 OLED 要在电路板上折叠，所以我们只画了引脚部分。在画引脚封装的时候，除了间距不要变，引脚的大小可以略比真实引脚的大小稍微大一些，方便焊接。这里，因为引脚的宽 0.4 mm 太小，就不做调整，不过，可以把引脚高设置为 4 mm，比实物 2 mm 大了一倍。

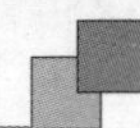

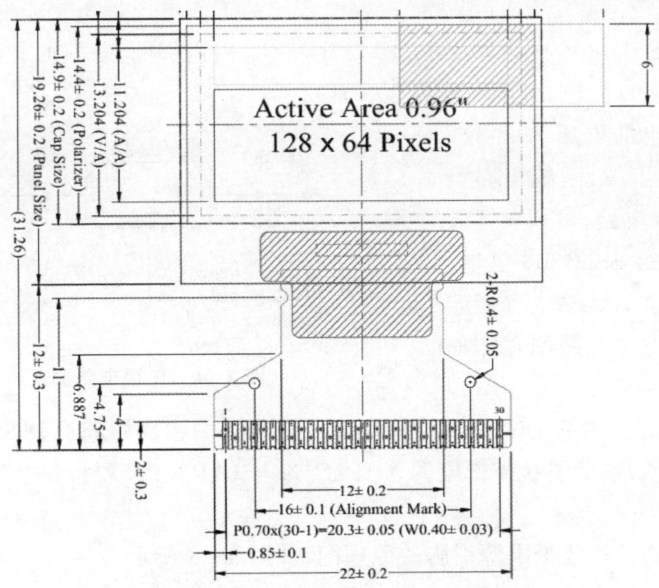


**图 9-4　0.96 寸 OLED 尺寸图**

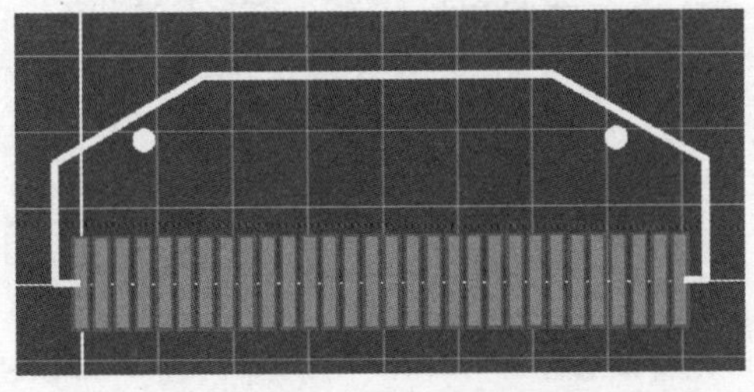

**图 9-5　0.96 寸 OLED 封装库**

绘制好封装库以后，记得保存，我把这个封装库命名为 SSD1306-30PIN_JX。图 9-5 是最终的结果，其中左边的第一个引脚序号是 1。

## 9.4　绘制原理图

### 9.4.1　电源电路设计

SSD1306 的电源有两种，分别是：

VCC：显示屏工作电压；

VDD：逻辑电路工作电压。

VCC 的工作电压比较高，但是有两种供电方式：第一种是外部给 VCC 供电，电压范围为 8.5～9.5 V；第二种是使用 SSD1306 的内部 DC/DC 电路生成的电压对 VCC

进行供电，供电范围为 7.0～7.5 V。一般的系统的工作电压是 3.3 V 或 5 V，所以电源电路设计采用 SSD1306 的内部 DC/DC 设计，VCC 由内部的 DC/DC 电路供电，只需要给 VBAT 与 VDD 供电，供电电压为 3.3 V。

确定了供电的电压为 3.3 V 后，为了能兼容 5 V，系统电路设计了一个 LDO 电路，可以将 5 V 稳压成 3.3 V 给 SSD1306 供电。这样既能兼容 3.3 V 输入也能兼容 5 V 输入。电源电路原理图如图 9-6 所示。

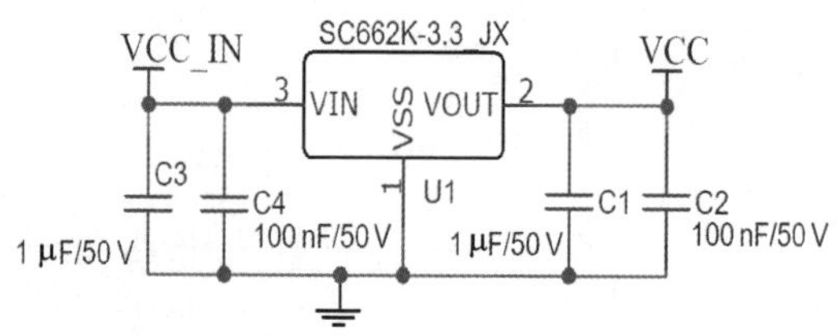


图 9-6　电源电路原理图

使用 SSD1306 内部 DC/DC 电路，需要对其相关的引脚进行合理设计。根据数据手册上的介绍，VBAT 要接外部电源，C1P/C1N 与 C2P/C2N 要接一个电容，如图 9-7 所示。

SSD1306 的另外几个电源引脚的原理图，如图 9-8 所示。

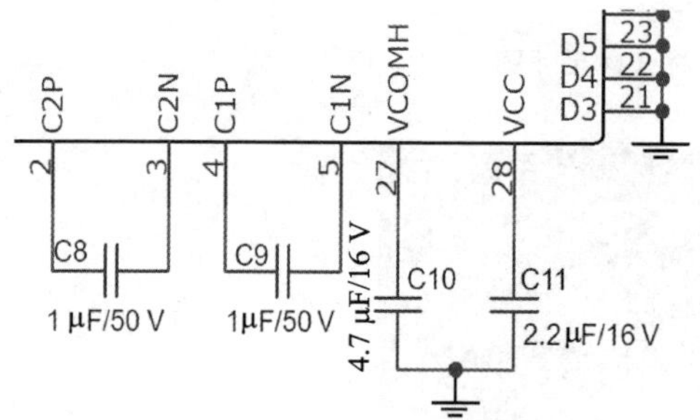


图 9-7　SSD1306 电荷泵电路

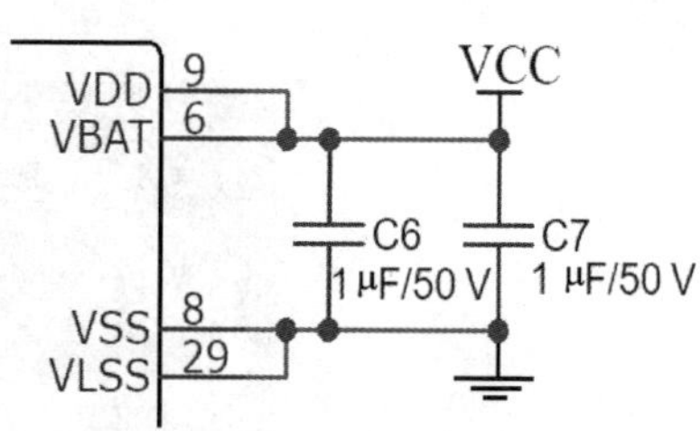


图 9-8　SSD1306 逻辑电源电路

## 9.4.2　通信方式选择电路设计

通信方式的选择，是由 BS0、BS1、BS2 这三个引脚确定的，它们的确定方式如表 9-2 所列。

表 9-2　OLED 通信方式的选择

| | BS0 | BS1 | BS2 |
|---|---|---|---|
| IIC | 0 | 1 | 0 |
| 3-wire SPI | 1 | 0 | 0 |
| 4-wire SPI | 0 | 0 | 0 |
| 8-bit 68XX Parallel | 0 | 0 | 1 |
| 8-bit 68XX Parallel | 0 | 1 | 1 |

我们选择 IIC 通信方式，所以要把 BS0 和 BS2 接低电平，BS1 接高电平。电路原理图如图 9－9 所示。BS1 接了 4.7 kΩ 的上拉电阻，使得 BS1 的电平为高电平。

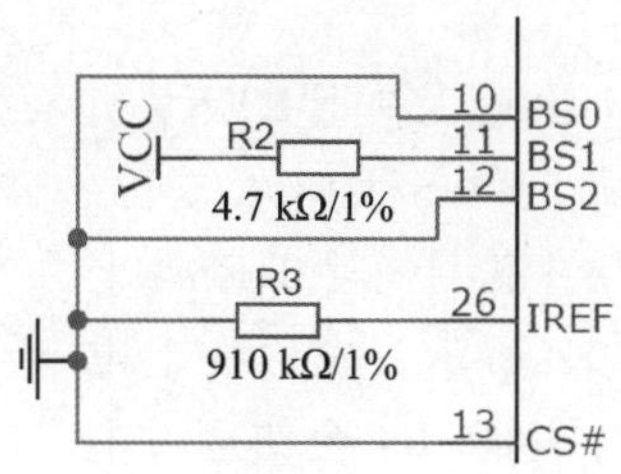


图 9－9　通信方式选择电路

## 9.4.3　通信接口电路设计

模块的通信方式为串行通信方式，需要用到的通信相关的接口有 D0、D1、D2 和 D/C＃，根据数据手册中的描述，其他没有用到的数据接口引脚必须接地，如图 9－10 所示。

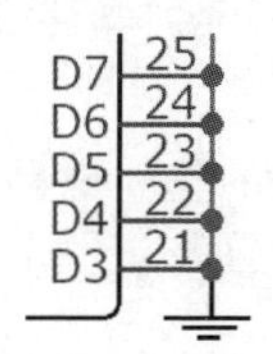


图 9－10　没有用到的引脚接地

选择了 IIC 通信后，D0 将作为通信的时钟输入信号引脚（SCLK），D1 将作为通信的数据输入信号引脚（SDIN），D2 作为应答信号输出引脚，必须与 D1 连接到一起，否则通信过程中接收不到应答信号。

在设计中，把 D0、D1 引脚引出作为与 MCU 的通信接口，把 D0 与 D1 分别接一个上拉电阻，D2 与 D1 短接。因此 IIC 通信方式只需要 4 根线（VCC、GND、SCL、SDA）就可以与 MCU 实现通信。D0、D1、D2 的连接方式如图 9－11 所示。

我们知道，IIC 通信的从设备，是有通信地址的。D/C＃引脚将作为通信地址的第 0 位（SA0）。在这里，我们设计给 D/C＃引脚接一个下拉电阻与一个焊盘 S1（焊盘另一端接到 VCC）。默认情况 D/C＃引脚是下拉（S1 不焊），为低电平，IIC 的通信地址为 0x78。如果将 S1 焊上，那么 D/C＃引脚接 VCC，为高电平，IIC 通信地址为 0x7a。电路如图 9－12 所示。

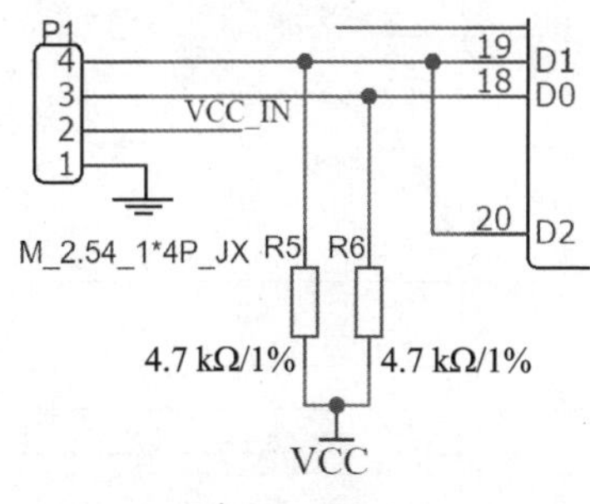


图 9－11　D0、D1、D2 的连接方式

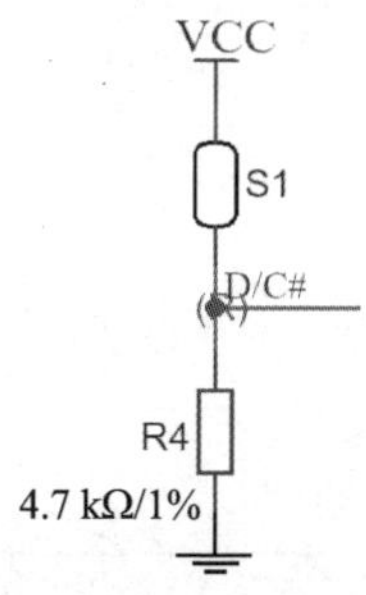


图 9－12　SSD1306 从机地址选择引脚

## 9.4.4 复位电路设计

使用内部 DC/DC 电路在上电后需要把 RES＃引脚保持低电平至少 3 μs 时间才能使 SSD1306 复位。根据 RES＃的复位特性，在模块中设计一个 RES＃上电复位的电路。电路如图 9－13 所示。模块在上电时，VCC 会首先给电容 C5 充电，电阻 R1 会使通过电流减少，充电时间延长，实现了 RES＃在上电保持至少 3 μs 的复位条件，D1 的作用是断电后把电容 C5 的电荷快速释放掉。

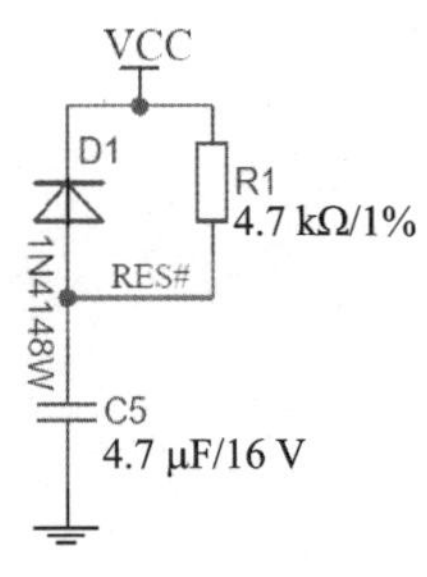


图 9－13　复位电路

## 9.4.5 整体电路图

模块的整体电路原理图如图 9－14 所示。元器件都可以在立创 EDA 元件库中找到。图中，U2 表示 OLED 显示器的封装，是一个矩形，其大小等于显示器的实际尺寸。

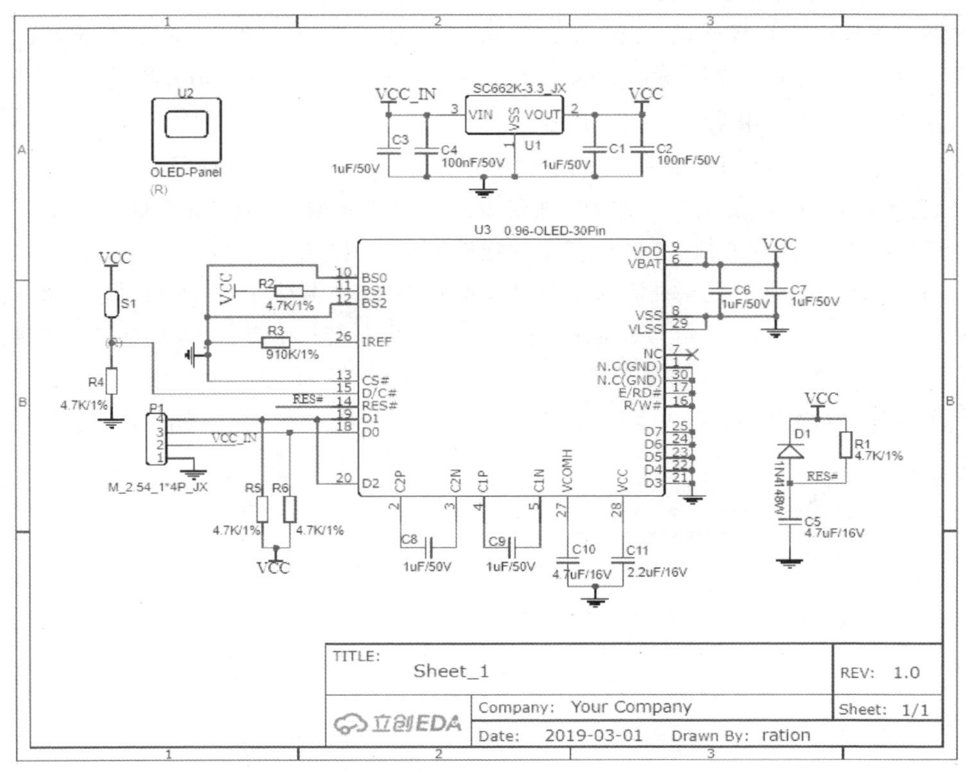


图 9－14　0.96 寸 OLED 电路原理图

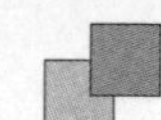

# 9.5 绘制PCB

OLED显示器电路板，没有特殊的PCB布线要求。在符合一般PCB原则的基础上，只需要把线连接好，就可以正常工作。

## 9.5.1 原理图转PCB

在原理图转PCB之前，先检查一下原理图中的元器件，是否都添加了正确的封装。元器件和封装名称的对应关系如表9-3所列。

表9-3 0.96寸OLED显示器BOM表

| 名　称 | 编　号 | 封　装 |
|---|---|---|
| 4.7k/1% | R5,R6,R2,R1,R4 | 0603_R_JX |
| 910k/1% | R3 | 0603_R_JX |
| 1μF/50V | C1,C3,C6,C7,C9,C8 | 0603_C_JX |
| 100nF/50V | C4,C2 | 0603_C_JX |
| SC662K-3.3_JX | U1 | SOT23_JX |
| 2.2μF/16V | C11 | 0603_C_JX |
| 4.7μF/16V | C10,C5 | 0603_C_JX |
| 0.96-OLED-30Pin | U3 | SSD1306-30PIN_JX |
| OLED-Panel | U2 | PANEL SIZE 128*64_JX |
| 1N4148W | D1 | SOD-523_JX |
| Solder | S1 | SW_HAND_WELD_JX |
| M_2.54_1*4P_JX | P1 | M_2.54_1*4P_JX |

在原理图中，单击选中任何一个元器件，然后在界面右侧的“封装”文本框中再单击，弹出“封装管理器”窗口。在“封装管理器”窗口中，可以把所有元器件都加载好封装。在“封装管理器”窗口的右侧，可以输入封装的名称进行搜索。填写好封装后，如图9-15所示。

封装都设置好以后，回到原理图设计界面，执行主菜单“转换”→“原理图转PCB”命令。立创EDA会自动生成一个PCB文件，所有的元器件也都会出现在PCB编辑器里面。OLED原理图转PCB之后的PCB界面如图9-16所示。

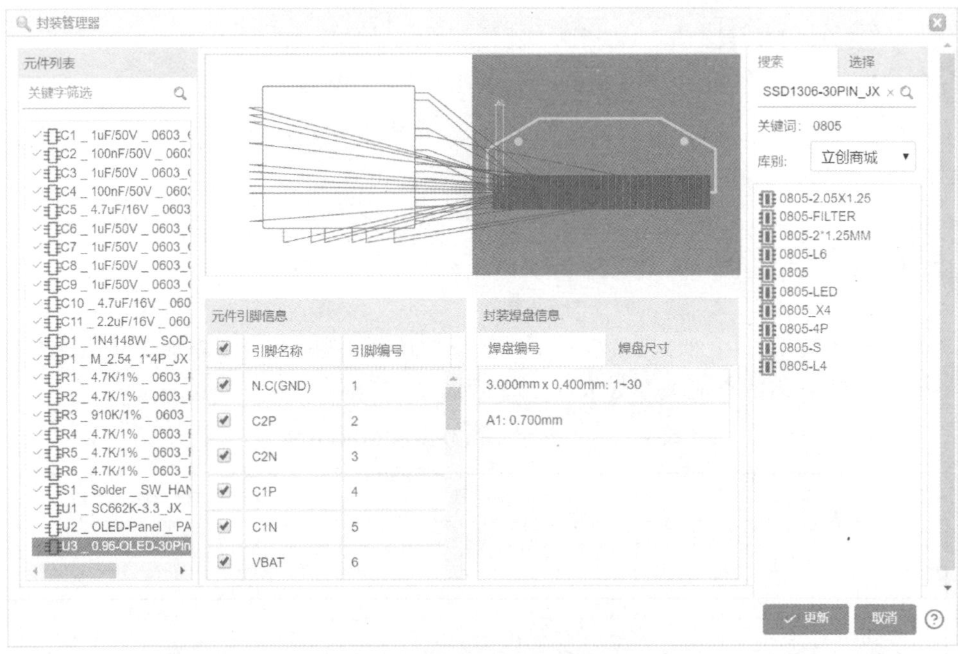


图 9－15 “封装管理器”窗口

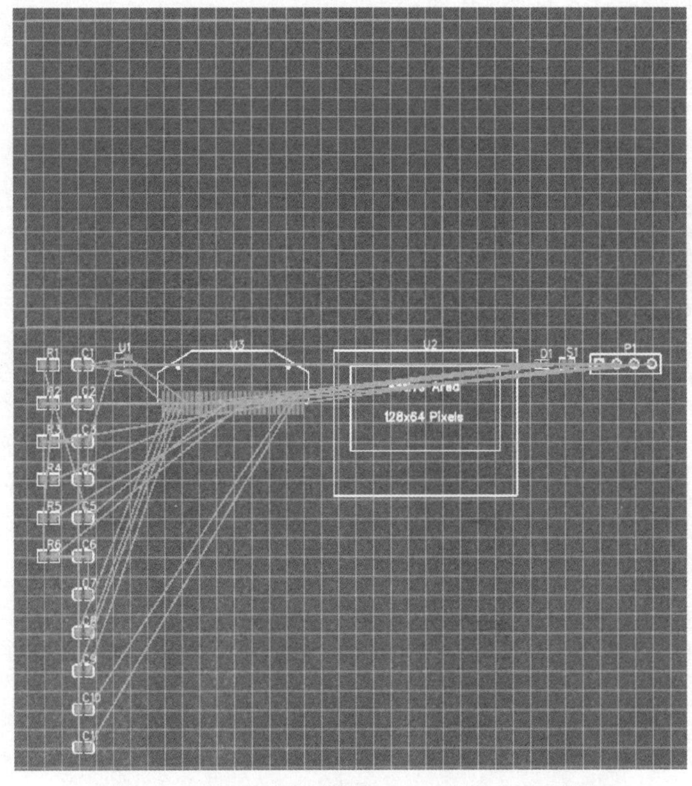


图 9－16 OLED 原理图转 PCB 之后的 PCB 界面

## 9.5.2　PCB 布局

### 1. 边　框

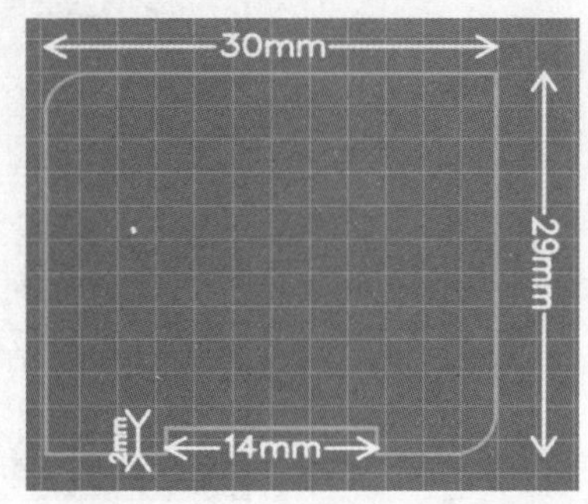


图 9-17　OLED PCB 边框

选中自动生成的 PCB 边框，然后按 Delete 键删除，由自己画边框，在层选择工具中，把当前层设置为边框层，利用"PCB 工具"悬浮窗口中的"导线""圆弧"等工具，绘制边框。最后的边框如图 9-17 所示。

最底下凹进去的地方，是为了方便安装 OLED 屏幕。尺寸已经在图中标出。左上角和右下角的圆弧，只是为了美观，没有其他作用，也可以不用这样操作。

### 2. 安装孔

我们给电路板的四个角上各放了一个直径为 2 mm 的圆孔，用的是"PCB 工具"悬浮窗口中的"孔"工具。安装孔与它相邻两条边的距离都是 2.5 mm。OLED 电路板加安装孔如图 9-18 所示。

### 3. 元器件布局

边框和安装孔画好以后，开始给边框里面放置元器件。我们在顶面放置电阻、电容、OLED 排线焊接口等元器件，让底面粘贴 OLED 屏幕。选中 OLED-Panel，把这个封装设置为底层。其他的保持顶层不变。然后把元器件一个一个地摆放到边框里面，最后顶层布局如图 9-19 所示，底层布局如图 9-20 所示。布局好以后，可以用"文本"工具给电路板添加注释。注意，底层的注释要镜像，在实际做出来之后，才是正常的。

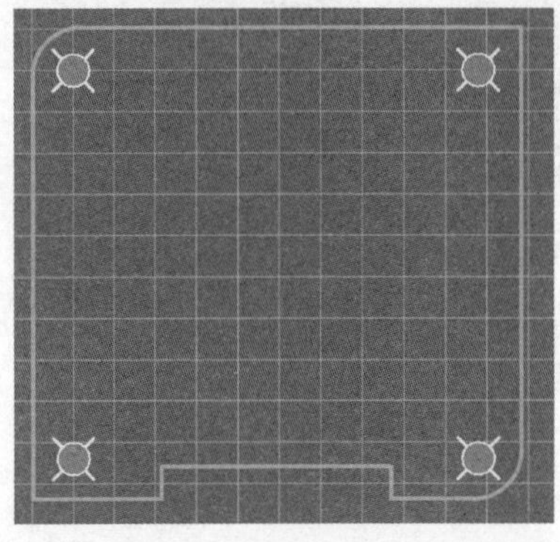

图 9-18　OLED 电路板加安装孔

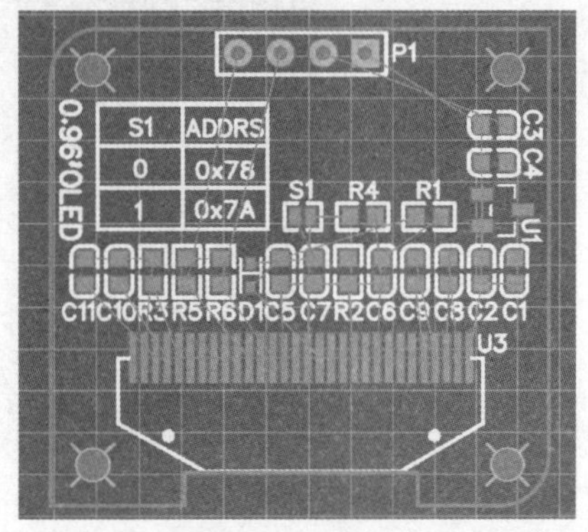


图 9-19　OLED 电路板元器件顶层布局

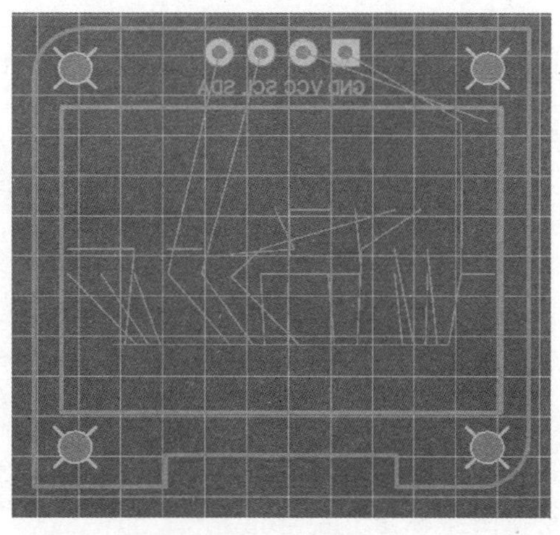

图 9-20　OLED 电路板元器件底层布局

## 9.5.3　PCB 布线

### 1. 布　线

元器件布局完成，就可以开始 PCB 布线了。布线结束后，如图 9-21 所示。其中，部分 GND 没有连线，因为接下来将执行覆铜操作，覆铜操作后，会把所有 GND 都连接在一起。

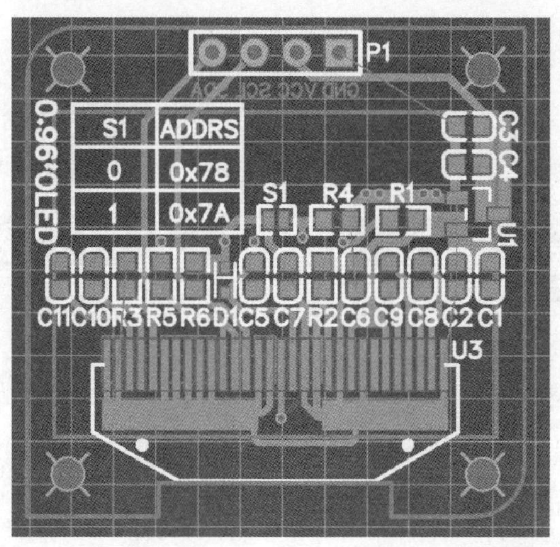


图 9-21　元器件布线完成

### 2. 覆　铜

在“PCB 工具”悬浮窗口中选择“覆铜”工具，在离 PCB 边框的不远处，分别在顶层

和底层画一个矩形，覆铜操作就完成了。覆铜完成后，可以在右侧覆铜属性面板中修改覆铜的一些参数。顶层覆铜后如图9-22所示，底层覆铜后如图9-23所示。

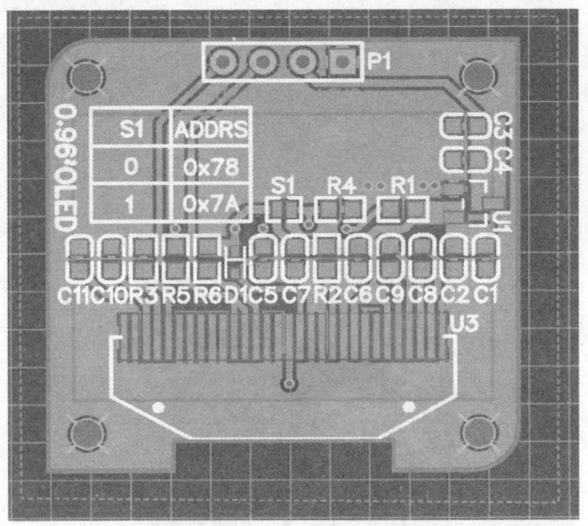


**图9-22　顶层覆铜**

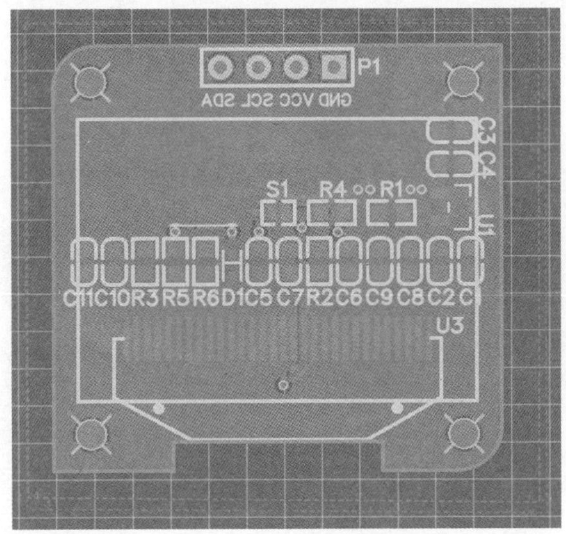


**图9-23　底层覆铜**

## 9.6　案例源文件

本章我们一起完成了0.96寸OLED显示模块的PCB设计。重点在于对0.96寸OLED各个引脚的功能定义要理解。电路设计中的很多部分都是OLED数据手册中提到并要求的，所以，阅读数据手册是很有必要的。

在绘制的过程中,如果能熟练地使用各种 PCB 工具,熟练地在层与层之间切换,则绘制 PCB 的速度就会越来越快。最耗时间的步骤是 PCB 布局和布线,这个步骤一定要耐心。覆铜完成之后,需要检查是否有未连接的线,是否有哪两条线靠的太近;可以结合照片预览和 3D 预览功能,对电路板的外观进行检查。

本章介绍的 OLED 工程案例源文件已经分享给所有立创 EDA 的用户,分享链接为 https://lceda.cn/jixin。

通过扫描下面的二维码,可以直接用手机查看该案例工程。

# 第 10 章

# ESP8266 物联网电路板设计实例

ESP8266 是一款低功耗、高集成度的 WiFi 芯片，仅需 7 个外围元器件就可以工作。由于其超高的性价比，目前已被国内外众多厂家使用于自己的产品当中，在创客群里面，也是人人皆知。此芯片由乐鑫信息科技（上海）股份有限公司研发生产。

ESP8266 内置超低功耗 Tensilica L106 32 位 RISC 处理器，CPU 时钟速度最高可达 160 MHz，支持实时操作系统（RTOS）和 WiFi 协议栈，可将高达 80％的处理能力留给应用编程和开发，无需外部 MCU，就可以做很多应用了。

本章将手把手教你用立创 EDA 绘制 ESP8266 物联网电路板。

## 10.1 电路设计规划

即将要做的是 ESP8266 物联网电路板，它主要由主控芯片、下载电路、电源电路、传感器接口、显示器接口等几部分组成。主控芯片自然是 ESP8266，它除了是一个 WiFi 芯片，还是一个处理器。下载电路用于给 ESP8266 下载程序。电源电路用于给电路板中的各个芯片供电。传感器接口用于连接各种传感器，实现物联。显示器接口用于显示需要的信息。

### 10.1.1 主控模组

搭建 ESP8266 电路，涉及到了射频电路板的设计，除了要有射频电路设计知识，还需要使用专业的射频测试仪器对电路板的射频性能进行分析和改良。因为射频测试仪器比较昂贵，一般的小公司和个人是没有的，所以，在市场上，凡是涉及到射频的芯片，一般都会有对应的射频模块。生产这些射频模块的厂家，会有专业的射频仪器，以保证出厂的射频模块都是符合性能要求的。

这里，我们使用安信可科技生产的 ESP－12F 模组，如图 10－1 所示。该模组已经把 ESP8266 及其外围元器件集成在一起，并且集成了 32 位 Flash 芯片。采用 4 层板设计，板载天线，引出了全部 I/O。其封装为 SMD-22，尺寸为 24.0 mm×16.0 mm×3.0 mm，已通过 FCC/CE/IC 认证。

图 10-1　ESP-12F 模组

## 10.1.2　下载芯片

ESP8266 采用串口下载，确切地说，是使用 TTL 电平串口。由于现在的电脑大多都没有 RS232 电平串口了，所以，我们现在一般使用 USB 转 TTL 串口。这里，我们使用江苏沁恒生产的 CH340 USB 总线芯片，实物如图 10-2 所示。

CH340 有多个系列，这里我们选择 CH340C。这个系列的芯片，采用 SOP16 封装，无需外部晶振，可以大大地缩小 PCB 的面积。

图 10-2　CH340C 芯片

## 10.1.3　传感器接口

我们要设计的是物联网电路板，其目的是把物体接入互联网，WiFi 芯片负责接入互联网，那传感器接口负责把物体接入电路板。

传感器的输出一般是电压信号、电流信号、串口信号(单总线、IIC、SPI)。ESP8266 已经集成了 ADC 模块，也支持 IIC、SPI 通信，我们把 ESP8266 的所有 I/O 引出，焊接

通用的 2.54 mm 排针，就可以很方便地接入各种传感器了。

另外，我们再单独做一个 DHT11 温湿度传感器的接口。该模块采用单总线通信，接口只需要 1 个 I/O 口加电源就可以了。

### 10.1.4　显示接口

显示器可以很方便地显示一些参数，可以用来显示接入的传感器的数据，也可以用来显示从互联网接收到的数据。为了节省引脚，我们使用 IIC 接口的 OLED 显示模块，接口只需要两条 IIC 通信线和两条电源线就可以了。

## 10.2　创建工程文件

① 打开浏览器，在地址栏输入 lceda.cn，进入网站后，登录，然后再打开编辑器。进入编辑器以后，你可以看到网址是 https://lceda.cn/editor，你也可以直接输入这个网址进入编辑器，但注意一定要登录。

② 在编辑器界面的主菜单中，执行"文档"→"新建"→"工程"命令，弹出"新建工程"对话框，如图 10－3 所示。所有者就是你自己，或者是你的团队。标题输入 ESP8266－IOT，或者你也可以输入其他的名称。路径会自动填写好。描述可写可不写。可见性可以先设置为"私有"，然后单击"保存"按钮。

图 10－3　"新建工程"对话框

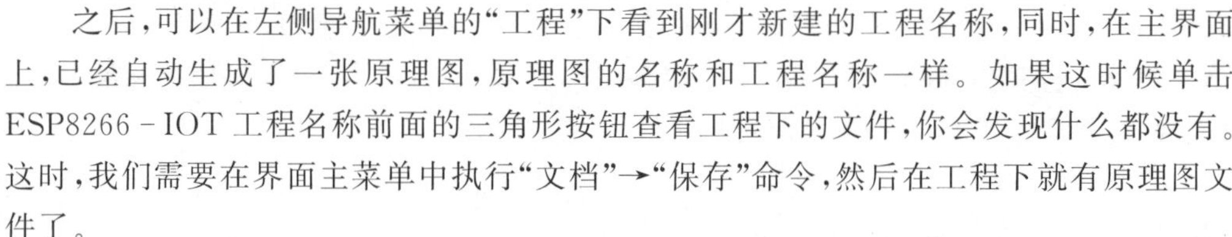

之后，可以在左侧导航菜单的“工程”下看到刚才新建的工程名称，同时，在主界面上，已经自动生成了一张原理图，原理图的名称和工程名称一样。如果这时候单击 ESP8266 - IOT 工程名称前面的三角形按钮查看工程下的文件，你会发现什么都没有。这时，我们需要在界面主菜单中执行“文档”→“保存”命令，然后在工程下就有原理图文件了。

## 10.3 绘制元件

下面需要亲自绘制 ESP - 12F 模组、micro - USB 元件、CH340C 元件。在绘制元器件的原理图之前，需要把该元器件的芯片手册或者模组手册找到，按照手册上的引脚图进行绘制。注意，芯片或者模组的数据手册，一定要去各自的官方网站下载。

### 10.3.1 绘制 ESP - 12F 模组

① 执行“文档”→“新建”→“原理图库”命令，新建原理图库文件。

② 执行“文档”→“保存”命令，在弹出的对话框中，把标题修改为 ESP - 12F，其他的不用修改，然后单击“保存”按钮。

③ 分别使用绘图工具悬浮窗口中的“矩形”“引脚”“线条”工具，绘制出如图 10 - 4 所示的 ESP - 12F 模块。这里给大家提示一下绘制过程中的一些细节。模组的外边框使用“矩形”工具，在右侧的矩形属性面板中设置矩形的颜色为红色，矩形的填充颜色为黑色。“引脚”工具的电气连接点放到矩形边上，引脚的颜色设置为白色。黄色的天线，使用的是“线条”工具，在线条属性面板中，可以设置颜色、粗细等。ESP - 12F 模组内部包含了两个芯片，一个是 ESP8266，另外一个是 Flash 芯片，我们把这两个芯片画到模组上，表示一下。

④ 绘制过程中，可能需要调整一些位置。在全部绘制完成之后，要记得保存。

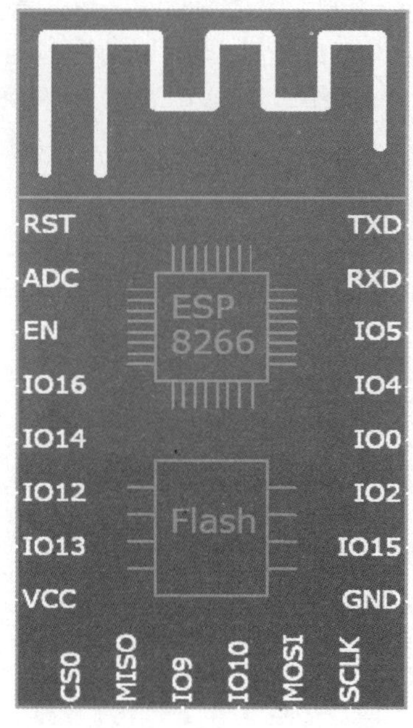


图 10 - 4 ESP - 12F 原理图库

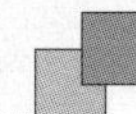

### 10.3.2　绘制 MINI－USB 元件

① 执行“文档”→“新建”→“原理图库”命令，新建原理图库文件。

② 执行“文档”→“保存”命令，在弹出的对话框中，把标题修改为 MINI－USB，其他的不用修改，然后单击“保存”按钮。

③ 分别使用绘图工具悬浮窗口中的“矩形”“引脚”“线条”工具，绘制出如图 10－5 所示的 MINI－USB 原理图库。在矩形属性面板中，可以设置矩形的圆角半径。图中 USB 的符号，可以使用“椭圆”“矩形”“线条”工具绘制出来，在绘制过程中，要有足够的耐心。

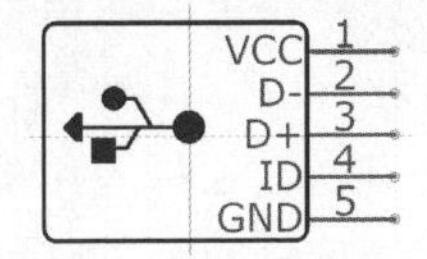


**图 10－5　MINI－USB 接口原理图库**

④ 绘制完成之后，执行“文档”→“保存”命令。

### 10.3.3　绘制 CH340C 元件

① 执行“文档”→“新建”→“原理图库”命令，新建原理图库文件。

② 执行“文档”→“保存”命令，在弹出的对话框中，把标题修改为 CH340C，其他的不用修改，然后单击“保存”按钮。

③ 上面绘制的 ESP－12F 模组和 MINI－USB 元件都加入了个性化的元素，这里，CH340C 芯片就不加了，我们采用传统的方式来绘制。只需要使用“矩形”和“引脚”工具就可以了。绘制好以后如图 10－6 所示。

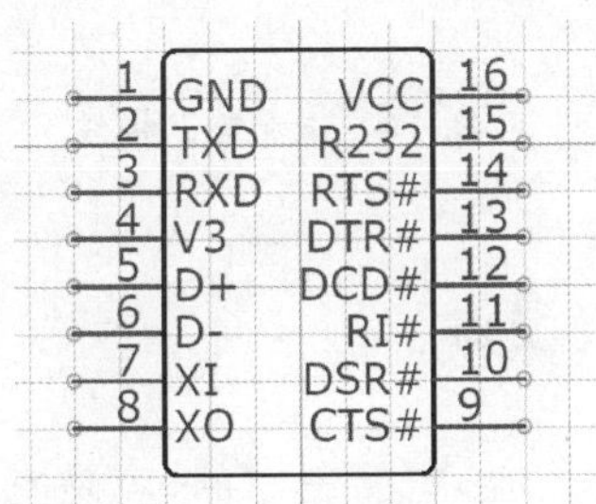


**图 10－6　CH340C 芯片原理图库**

④ 绘制完成之后，执行“文档”→“保存”命令。

## 10.4　绘制原理图

把需要的原理图库都绘制完成之后，就可以开始原理图的绘制了。放置基本元器件，从基础库中寻找。我们自己设计的元器件，位于“元件库”中的“个人库”。

### 10.4.1 电源电路模块设计

这个电路板采用 USB 供电方式，在调试电路板时，可以把 USB 口插入计算机，由计算机给电路板供电。当不使用计算机开发的时候，可以使用 5 V 的手机充电头或者其他 USB 接口的 5 V 电源供电。

计算机上的通用 USB 接口是 USB - A 型接口，一般是 4 个引脚，即电源线 VCC、GND 线、D+ 和 D− 数据线。MINI - USB 接口是 5 个引脚，相比 USB - A 型接口多了一条 ID 线，如果不用的话，可以空着。

计算机 USB 接口的电压是 5 V 左右，我们的电路板上需要使用 3.3 V 电源，所以，还需要使用一个 5 V 转 3.3 V 的稳压芯片。

另外，还要在电路中加入开关、指示灯。最后的原理图如图 10 - 7 所示。

BL1117 - 3.3 是上海贝岭公司的三端稳压器件，输入电压和输出电压都对地接一个 10 μF 的电容，以减小电源的噪声。

R8 是电源指示灯 LED1 的限流电阻，电阻值一般取 1～10 kΩ，阻值越小，灯越亮。

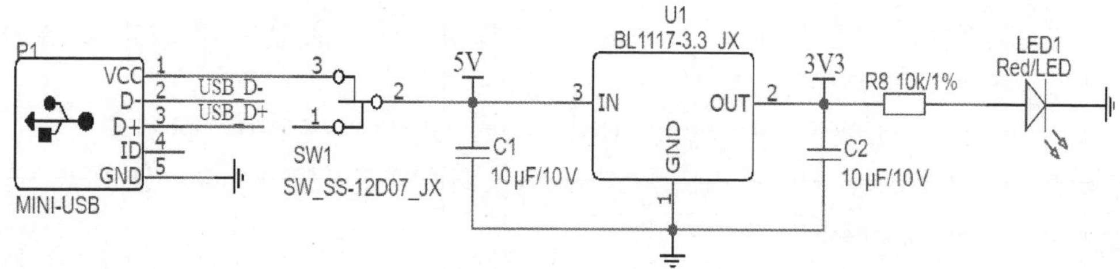


图 10 - 7 电源电路模块

### 10.4.2 ESP8266 模块设计

ESP8266 是整个电路板的核心，主要考虑的，就是它与外围模块的引脚对应连接关系。

RST：复位引脚，需要外接复位电路。复位电路由一个 10 kΩ 电阻和 100 nF 的电容构成。

EN：模块使能引脚，接高电平，使能模块。这里，我们直接把这个引脚通过一个 10 kΩ 电阻接到 3.3 V，让模块始终处于高电平状态，始终处于使能状态。

VCC：电源引脚，接 3.3 V。

TXD、RXD：串口通信引脚，与 CH340C 的 RXD 和 TXD 交叉连接，用于串口下载程序和串口通信。线路中串入 300 Ω 的电阻，用来保护引脚。

IO0、IO2、IO15：这三个引脚控制着模块的运行状态。当 IO0 和 IO2 是高电平，

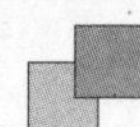

IO15 是低电平时，ESP8266 处于程序运行模式；当 IO0 和 IO15 是低电平，IO2 是高电平时，ESP8266 处于串口下载模式。对比发现，在两种模式下，IO2 和 IO15 的电平是保持不变的。我们把 IO2 和 IO15 通过电阻分别接 GND 和 VCC。IO0 接一个电阻到 VCC，再给 IO0 接一个按键，按键按下后，IO0 变成低电平。

ADC：模拟转数字输入引脚。用来测量外部模拟电压，可以接入电压输出型传感器。

SDA、SCL：IIC 通信引脚。

LED：LED 指示灯控制引脚。

CS、SCK、MOSI：SPI 通信引脚。

GPIOx：通用输入/输出口。

电路板上共有两个按键：一个是 RESET 按键，用来复位；另外一个是 BOOT 键，用来下载程序。RESET 按键的电路，在 ESP8266 模块原理图中已经给出，这里给出 BOOT 按键的原理图。BOOT 按键按下，BOOT 引脚是低电平。ESP8266 模块如图 10－8 所示。

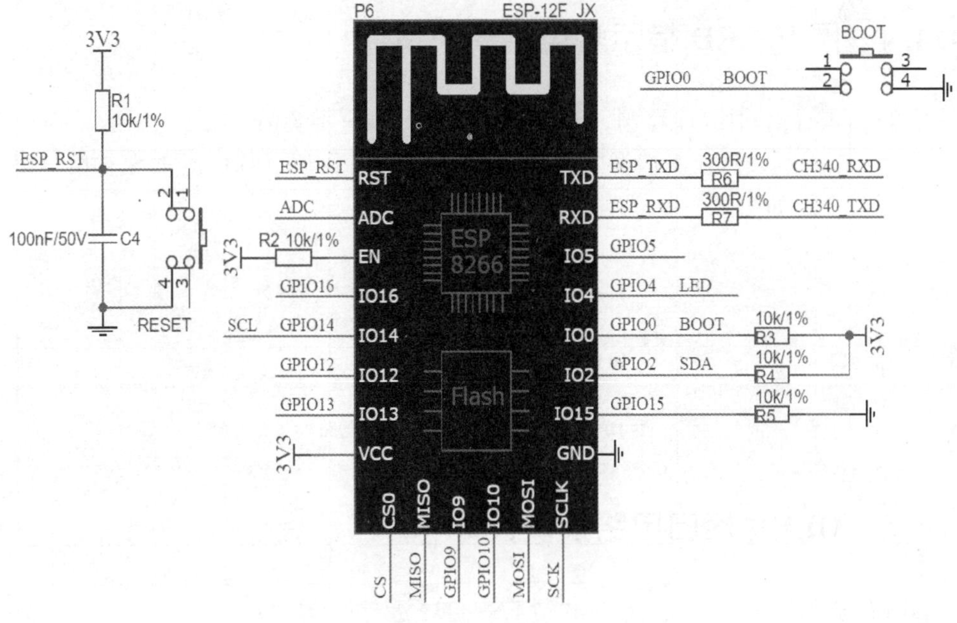


**图 10－8　ESP8266 模块**

## 10.4.3　下载电路模块设计

下载电路如图 10－9 所示，非常简单，只需要 CH340C 加一个电容。电容的作用是给 VCC 电源引脚滤波，以保证 CH340C 芯片正常工作。

网络标号 CH340_TXD、CH340_RXD 连接到了 ESP8266 模块。USB_D＋、USB_

D—连接到 MINI - USB 口。

V3 引脚连接 3.3 V。VCC 引脚连接 3.3 V,GND 引脚接地。其他引脚不用接。

普通的 USB 转 TTL 芯片,一般都需要接晶振电路,不过,由于 CH340C 内部自带晶振电路,就不需要在外部再添加了。

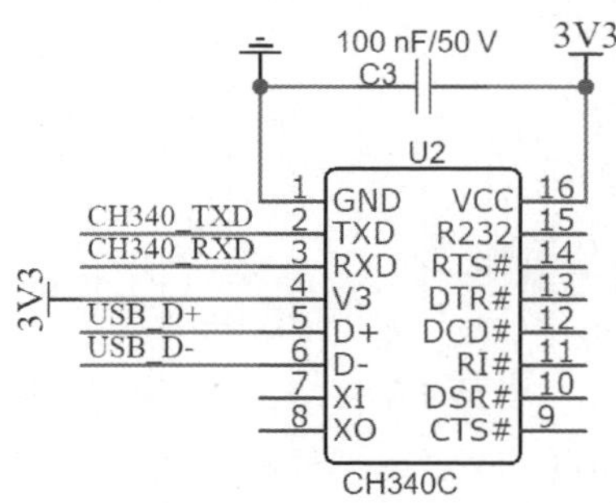


图 10-9　下载电路

## 10.4.4　用户 LED 指示灯电路模块设计

LED 指示灯由 GPIO4 控制,低电平点亮 LED,高电平关闭 LED。

这个 LED 的状态,在我们做应用时自己定义功能,在调试程序时非常有用。用户 LED 指示灯电路如图 10-10 所示。

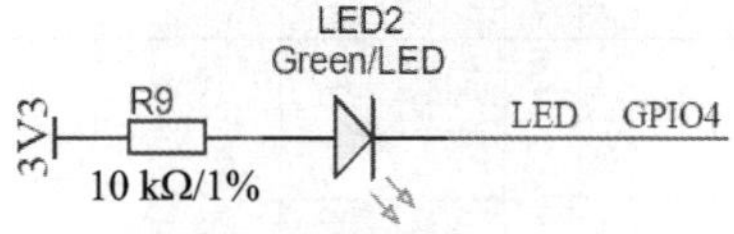


图 10-10　用户 LED 指示灯电路

## 10.4.5　OLED 接口电路模块设计

OLED 显示器采用 IIC 通信方式与 ESP8266 进行连接。

这个接口在 PCB 上,是一个 4 引脚的单排母,原理图上,可以直接用基础库中的 4PIN 接口,也可以自己做一个 OLED 的原理图库,就像图 10-11 中显示的那样。

## 10.4.6　DHT11 接口电路模块设计

这块电路板可以接各种模拟和数字传感器,为了调试方便,我们单独做一个温湿度传感器 DHT11 的接口。DHT11 是单总线传输的传感器,只需要一个 I/O 口就可以。

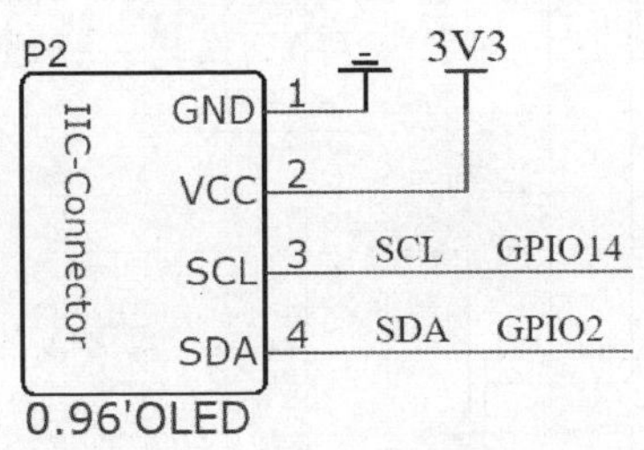


图 10-11 OLED显示器接口电路

我们选用GPIO5作为DHT11传感器的数据引脚。图10-12所示是DHT11传感器接口电路的原理图。

图 10-12 DHT11传感器接口电路

## 10.4.7 I/O口电路模块设计

为了方便插接各种类型的传感器,我们需要把ESP-12F上的引脚引出来,以2.54 mm排针的形式展现,方便接插杜邦线与传感器连接。I/O口引出,采用就近原则,从ESP-12F的两边引出,左面一排,右面一排。I/O口电路如图10-13所示。

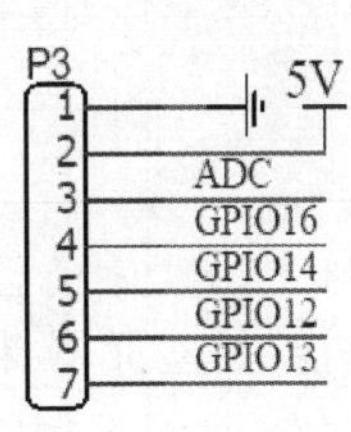


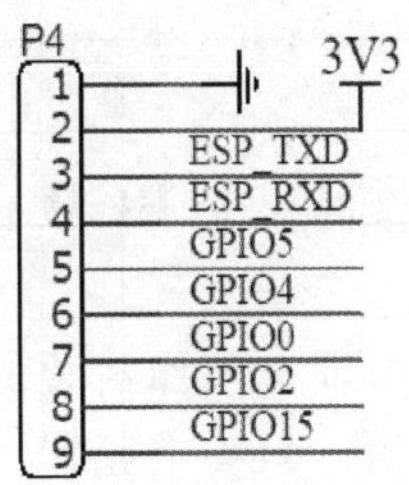


图 10-13 I/O口电路

## 10.4.8 完整的原理图

完整的原理图如图10-14所示。

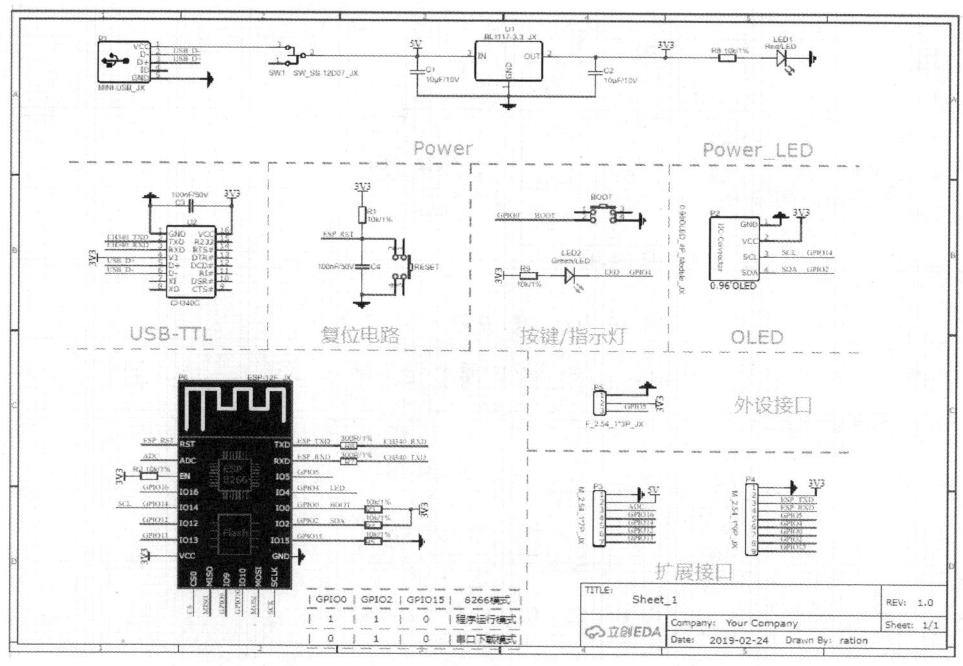


图 10－14　完整的原理图

## 10.5　绘制 PCB

原理图绘制完成后，就可以开始绘制 PCB 了。PCB 绘制大致可以分为元器件布局和布线两个环节。立创 EDA 可以一键把原理图转换为 PCB，前提是原理图中元器件都设置了对应的封装库，并且没有其他方面的错误。

### 10.5.1　原理图导入 PCB

首先把原理图中没有添加封装的元器件找到，然后给这些元器件添加元件库。

单击原理图中的任何一个元器件，然后在界面右侧属性面板的“封装”文本框中单击，就会弹出原理图的“封装管理器”窗口。其左边是所有的元器件，如果元器件没有添加封装库，会提示错误。在这里，我们把每一个元器件的封装库都添加进去。按照表 10－1 所列的封装名称搜索，找到并使用。

仔细核对元器件与对应的封装名称，保证每一个元器件的封装库都添加正确了。

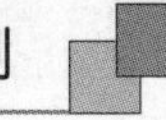

表 10－1　元器件封装表

| 名　称 | 编　号 | 封　装 |
|---|---|---|
| 10μF/10V | C1,C2 | 0603_C_JX |
| ESP－12F_JX | P6 | ESP－12F |
| Red/LED | LED1 | 0603_D_JX |
| CH340C | U2 | SOP16_150MIL_JX |
| 100nF/50V | C3,C4 | 0603_C_JX |
| 10k/1% | R8,R1,R2,R3,R4,R9,R5 | 0603_R_JX |
| 300R/1% | R6,R7 | 0603_R_JX |
| Green/LED | LED2 | 0603_D_JX |
| F_2.54_1＊3P_JX | P5 | M_2.54_1＊3P_JX |
| 0.96OLED_4P_Module_JX | P2 | 0.96OLED_4P_MODULE_JX |
| BL1117－3.3_JX | U1 | SOT223_JX |
| M_2.54_1＊7P_JX | P3 | M_2.54_1＊7P_JX |
| M_2.54_1＊9P_JX | P4 | M_2.54_1＊9P_JX |
| SW_PUSH_JX | RESET,BOOT | SW_PUSH_6MM_H5MM_JX |
| MINI－USB_JX | P1 | USB_MINI_B_FE_JX |
| SW_SS－12D07_JX | SW1 | SW_SS－12D07_JX |

在原理图设计界面，执行主菜单“转换”→“原理图转 PCB”命令，PCB 文件就生成了。同时，在该 PCB 当中，自动生成了一个 PCB 边框，元器件也已经摆放到了 PCB 设计界面里。原理图转 PCB 后的界面如图 10－15 所示。

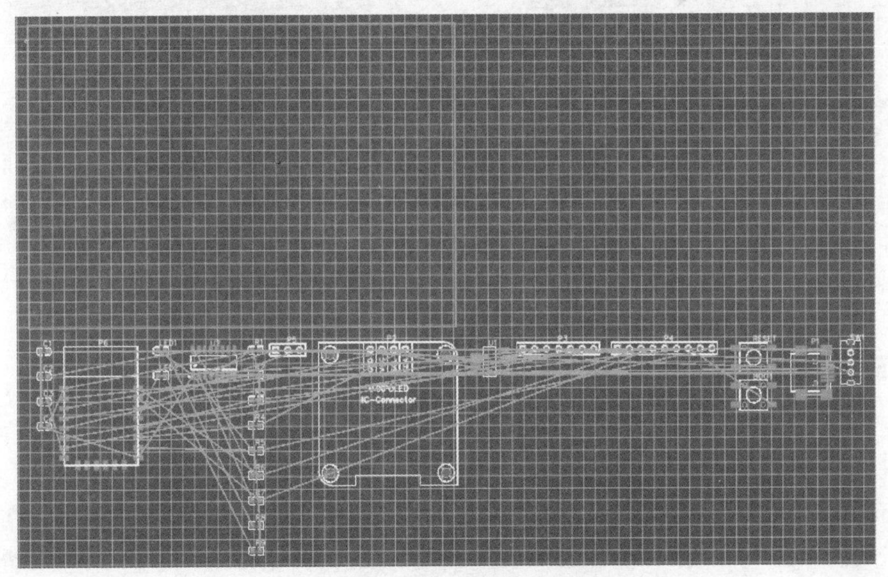

图 10－15　原理图转 PCB 后的界面

## 10.5.2 PCB 布局

① 选中自动生成的边框,按 Delete 键删除边框。我们自己用“导线”“圆弧”等工具在边框层绘制一个边框(如图 10-16 所示),宽 40 mm,高 60 mm。四个角的圆弧半径为 2.5 mm。凹进去的地方,高 7 mm,宽 17.6 mm,凹进去的左边距边框为 6.2 mm。凹进去的地方,用来放置 ESP-12F 的天线。

② 边框画好后,开始画安装孔。我们使用“PCB 工具”悬浮窗口中的“孔”工具,把安装孔放到四个角上。安装孔的中心到它相邻的两边的距离都设置为 2.5 mm。最后的结果如图 10-17 所示。

图 10-16 ESP8266 电路板边框

图 10-17 放置安装孔

③ 边框和安装孔放置好以后,就可以放置元器件了。大家可以参照图 10-18 对元器件进行布局,布局好之后,可以在丝印层对电路板做文字注释或者其他方面的注释。我在安装孔上放置了几个宽为 4 mm 的圆形,只是觉得好看一些,也可以不用加。P3 和 P4 排针旁边的注释,使用“导线”工具一条线一条线地画出表格,使用“文本”工具填入表格内容。另外,其他地方也可以使用“文本”工具任意添加你想要显示的内容。

## 10.5.3 PCB 布线

### 1. 放置导线

元器件摆放好之后,我们开始布线。线也不是很多,使用手动布线就可以。在布线时,需要工作在顶层或者底层。使用“导线”工具,按照提示,一条线一条线地连接。在连接的过程中,可能需要在顶层和底层之间多次切换。如果一条导线需要同时经过顶

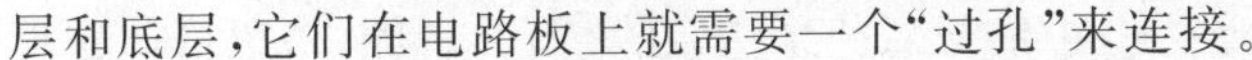

层和底层，它们在电路板上就需要一个“过孔”来连接。

放置过孔有两种方式，一种是自动放置，另外一种是手动放置。

自动放置：在顶层画一条导线，在键盘上按 B 键切换到底层，然后继续放置导线，这时候，就会自动在顶层和底层的交叉点放置一个过孔。

手动放置：在顶层画一条导线，取消导线命令，切换到底层，画一条导线，使导线的一头和顶层的导线交叉，在交叉的地方，使用“过孔”工具放置一个过孔到交叉点上。单击过孔，可以修改过孔的内径和直径，内径不能太小，因为每家 PCB 工厂的设备不同，工艺不同，规定可以接受的最小内径也不同。一般情况下，我们让过孔的内径不要小于 0.3 mm。过孔的直径，也就是过孔的外径，也不能太小，一般情况下，我们要求外径的大小至少要比内径大 0.2 mm。

在绘制导线时，可以先不用连接 GND，GND 在覆铜的时候再连接。最后的结果如图 10－19 所示。

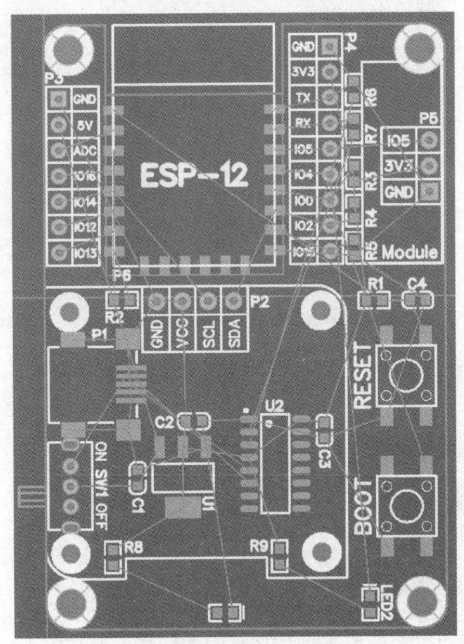


图 10－18　ESP8266 电路板元器件布局

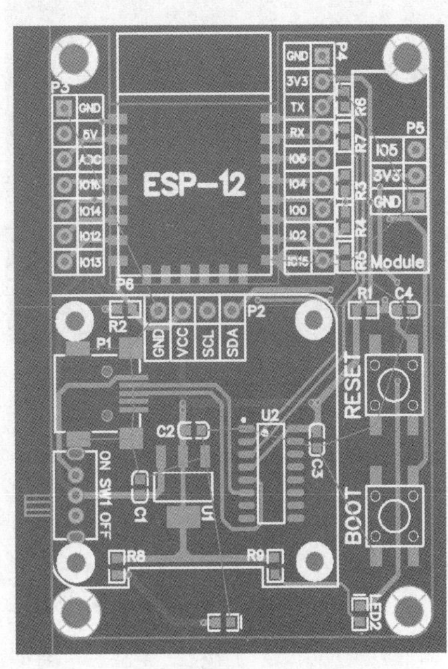


图 10－19　ESP8266 电路板布线完毕

## 2. 覆　铜

导线连接完毕之后，就可以进行覆铜操作了。覆铜操作，需要使用“覆铜”工具，分为两个操作，一个是在顶层覆铜，一个是在底层覆铜。

我们先在顶层覆铜，在层工具当中，设置顶层为当前的工作层，单击“覆铜”工具，在电路板的周围，依次单击，画出一个矩形，然后，右击，覆铜操作就开始执行了，执行完之后，顶层就覆铜完成了，结果如图 10－20 所示。最外边的那条虚线，就是“覆铜”工具绘制出的矩形。

单击“覆铜”工具绘制出的矩形边框中的任意一个边，在界面的右侧，可以修改覆铜的一些参数。覆铜的网络，默认是 GND。其他样式，你可以每个都更改一下，看看覆铜的效果会有哪些变化。

接下来在层工具中设置为底层，同样，使用“覆铜”工具，在电路板的周围绘制出一个矩形，然后右击，底层覆铜也就完成了，结果如图 10－21 所示。

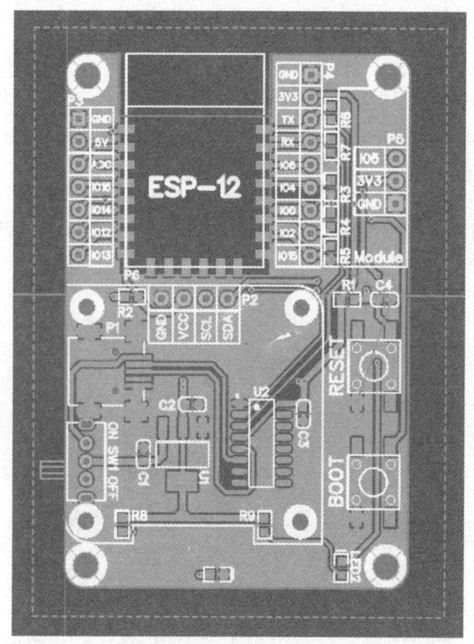


**图 10－20　ESP8266 电路板顶层覆铜**

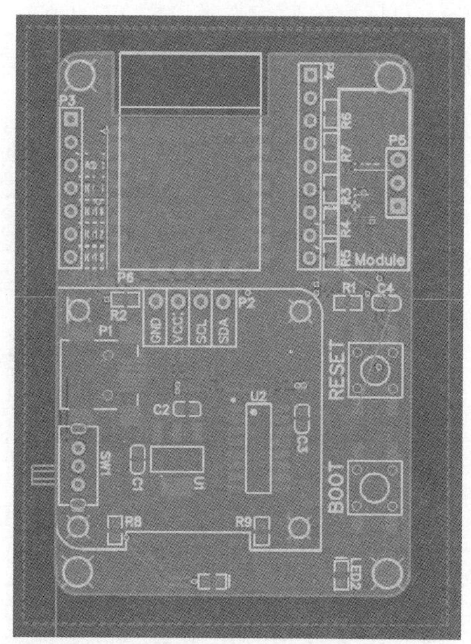


**图 10－21　ESP8266 电路板底层覆铜**

## 3. 添加过孔

添加过孔的目的，是为了更好地发挥覆铜的作用。我们可以将电路板上某些地方添加一些网络为 GND 的过孔，让顶层和底层的 GND 连接更紧密。“某些地方”，就是指那些面积很小的 GND 覆铜，通过过孔连接到面积更大的覆铜上去。图 10－22 所示为用过孔连接面积较小的覆铜和面积较大的覆铜。

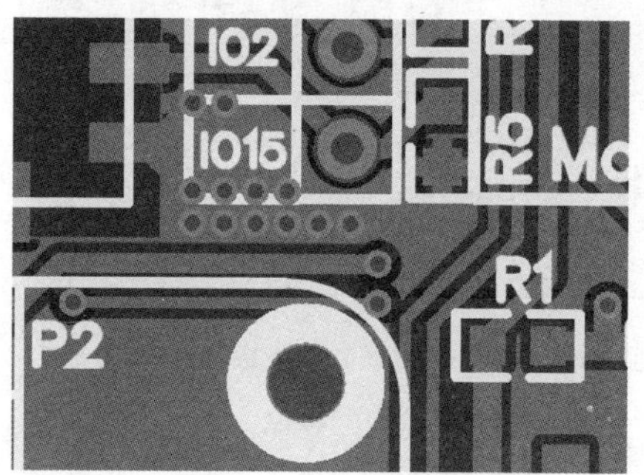


**图 10－22　用过孔连接面积较小的覆铜和面积较大的覆铜**

注意：

① 放置过孔的地方，顶层和底层都必须是 GND 网络。

② 放置第一个过孔后，过孔是没有网络的，要把过孔的网络修改为 GND。

## 10.6　案例源文件

ESP8266 物联网电路板完成之后，如果想要做成电路板，导出 Gerber 文件提交给工厂即可。

本章介绍的 ESP8266 工程案例源文件已经分享给所有立创 EDA 的用户，分享链接为 https://lceda.cn/jixin。

通过扫描下面的二维码，可以直接用手机查看该案例工程。

# 第 11 章

# 在电子竞赛与企业协同中的高级应用

在各种电子竞赛与企业项目开发中，提高开发效率，减少沟通成本，让打开的工作在同一个频道是非常重要的。本章将介绍立创 EDA 在学生电子学科竞赛与企业协同开发中的使用技巧。

## 11.1 芯片的快速选型技巧

例如：为了选择一款压摆率大于 100 V/μs 的高精度运放，我们可以执行以下步骤快速寻找，如图 11-1 所示。需要在立创 EDA 编辑器的左侧导航菜单中单击“元件库”打开“搜索库”窗口。

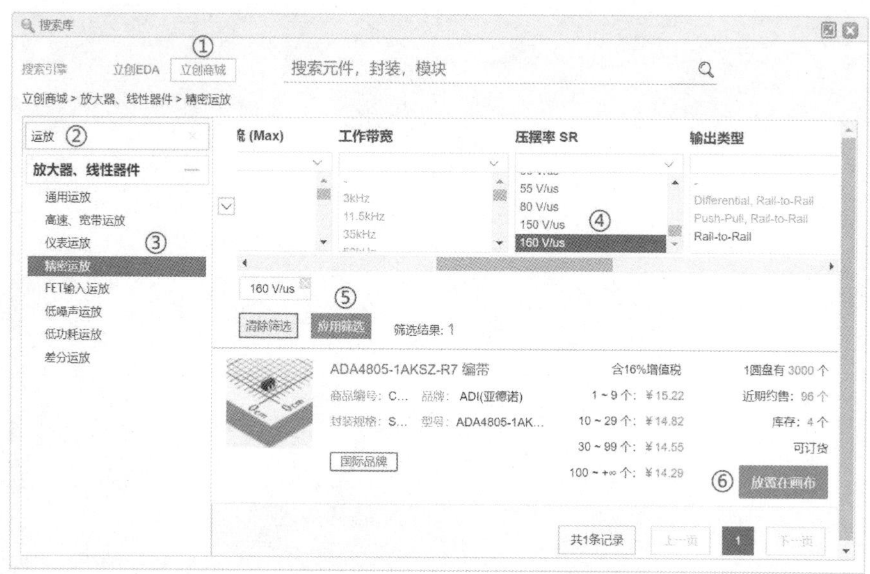


图 11-1　快速寻找运放步骤示例

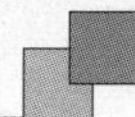

① 在打开的“搜索库”窗口中把“搜索引擎”切换为“立创商城”。

② 在左侧过滤文本框中输入关键词“运放”。

③ 在左侧过滤后的结果中找到“精密运放”，然后单击。

④ 滑动主窗口中的左右滑动条，找到“压摆率 SR”，并在“压摆率 SR”的列表中找到大于 100 V/μs 的值，然后单击。

⑤ 单击“应用筛选”按钮。

⑥ 找到合适的芯片，并单击“放置在画布”按钮，就可以使用了。

## 11.2　在电子竞赛中的高级应用

参与电子竞赛是学生培养知识能力的非常好的途径，如果能结合立创 EDA 的特点，不仅能提高学习速度，还可以提高竞赛设计效率。

### 11.2.1　竞赛培训阶段快速建立对芯片的感性认识

元件库是立创 EDA 的一大特色。在“搜索库”窗口中搜索到的元器件，如果库别是“立创商城”或者“立创贴片”，单击选中某个元器件以后，就可以在右侧的小窗口中看到这个元器件的原理图库、PCB 库、实物图。同时，还会在窗口的下方显示该芯片的大概价格。

这些更接近“现实”的展现，可以帮助学生更加真实地了解这款芯片，如图 11－2 所示。

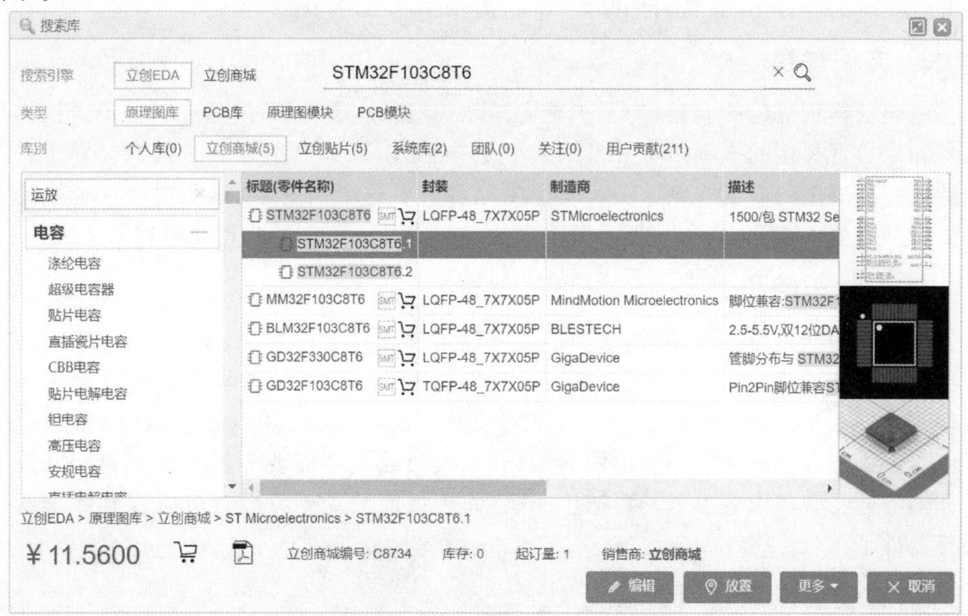


图 11－2　“搜索库”窗口

### 11.2.2 竞赛开发中的团队协作

电子设计竞赛中的开发阶段,本身就是一个团队协作开发的过程。立创 EDA 相比其他 PCB 设计软件,在团队协作方面提供了非常出色的能力,能给团队带来开发效率的大幅度提升。下面,我们就从几个方面介绍。

**1. 方便沟通**

团队协作开发过程中,经常需要一起讨论项目。传统的 PCB 设计软件制作的工程文件,如果想让其他团队成员看到的话,就需要把文件复制给每个人,或者使用投影机放出来一起看。立创 EDA 工程,就不用这么麻烦。

立创 EDA 的团队工程项目,团队的成员都可以随时在自己的电脑上打开并观看,这样就可以大大提高沟通效率。另外,如果你的团队成员位于五湖四海,传统的 PCB 文件还需要使用网络互相传输,显得更麻烦,而立创 EDA 就不会这么麻烦,只要有网络就可以随时使用浏览器打开并开始沟通。

**2. 方便写论文报告**

在电子竞赛时,团队中会有一个人负责写报告。如果使用传统 PCB 设计软件,写报告的那个人,会经常问团队中的开发者要设计图,而且,由于开发者的设计图是不断更新的,设计图的版本就会不断更新,可能就会造成写报告的那个人拿到的设计图不是最新的。

使用立创 EDA,就可以完美地解决这个问题。写报告的人,可以随时使用浏览器打开开发者的设计图,而且,打开的一定是最新的。

**3. 方便焊接**

电路板样板焊接的时候,为了正确无误地焊接每一个元器件,需要对照原理图来焊接。如果负责焊接的人和负责开发的人不是一个人,那么负责焊接的人就会问负责开发的人要原理图。有了立创 EDA,就完美地解决了这个问题了,只要把负责焊接的人和负责开发的人都加入一个团队,团队中的任何成员就可以随时查看原理图了。

**4. 方便采购和生产**

如果把采购员也加入团队,采购员就可以随时查看工程文件,而且立创 EDA 还有版本控制功能,采购员就可以根据需求,生产合适版本的产品。采购员可以使用立创 EDA 导出 BOM 表,一键生成 Gerber 生产文件,无需多余配置。立创 EDA 原理图库,可以直接添加和关联立创商城的物料编码,采购员再也不需要三番五次地追问开发者对元器件的品牌需求等参数,直接通过 BOM 表里面的立创编号就可以找到需要购买的元器件了。

**5. 方便生成热转印图纸**

立创 EDA 的导出图片功能,可以很方便地生产热转印图纸。对于热衷于自制

PCB 板的电子发烧友，绝对是一个非常实用的功能。

执行主菜单“文件”→“导出”命令，可以选择导出多种格式。如图 11－3 所示，是选择导出 SVG 图片格式文件后弹出的“导出文档”对话框。

导出文档

导出选项: SVG　　尺寸: 1x

合并层　分离层

| 层 | 导出 | 镜像 | 颜色 |
|---|---|---|---|
| 顶层 | ☑ | ☐ | |
| 底层 | ☑ | ☐ | |
| 顶层丝印 | ☐ | ☐ | |
| 底层丝印 | ☐ | ☐ | |
| 文档 | ☐ | ☐ | |
| 顶层助焊 | ☐ | ☐ | |
| 底层助焊 | ☐ | ☐ | |
| 顶层阻焊 | ☐ | ☐ | |
| 底层阻焊 | ☐ | ☐ | |
| 机械层 | ☐ | ☐ | |

颜色: 白底黑图

装配图:

导出为SVG文件

导出　取消

图 11－3　“导出文档”对话框

在这个对话框中，可以选择 PDF、PNG、SVG 三种格式的文件。尺寸可以选择放大 1 倍、1.5 倍、2 倍、2.5 倍。选择“合并层”，会把选中的层导出为一个文件；选择“分离层”，会把选中的层单独导出，最后是多个文件。还可以选择是否“镜像”打印输出。“颜色”可以选择全彩、白底黑图或黑底白图。

### 11.2.3　方便竞赛指导老师指导学生

把竞赛指导老师的账号也添加到设计团队中，指导老师就可以随时查看开发的进度，这样的话，审核设计文件也就非常方便了，可以实现无侵入审核。因为手机也可以审核，所以可以实现随时随地审核。如图 11－4 所示，是使用手机浏览器打开的立创 EDA 的一个工程。

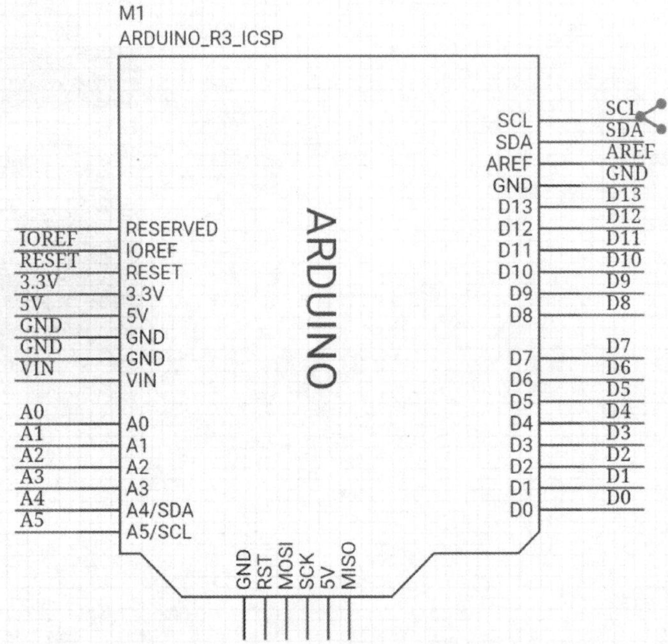

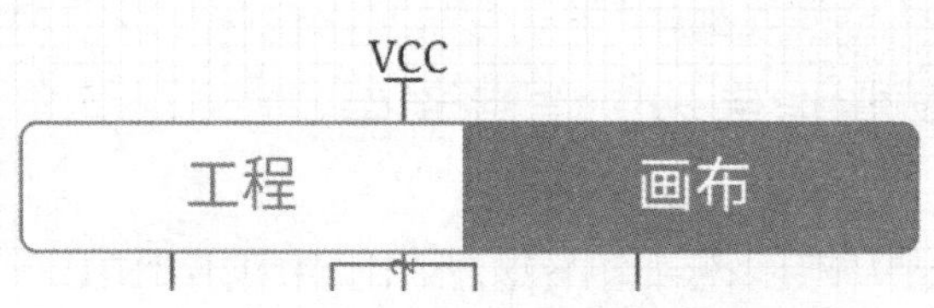



图 11-4　手机浏览器打开立创 EDA 工程

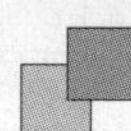

## 11.3　企业协同开发中的高级应用

企业中的团队协同开发，与学生竞赛中的团队协同开发类似。企业中也可以建立各种团队协同，但是企业更关注的是版本管理与权限控制，以及私有化部署。

### 11.3.1　企业开发中的版本管理

企业中的产品不仅多种多样，就是同一种产品，也可能有多种版本存在。作为 PCB 工程，也会存在多个版本。立创 EDA 的版本控制功能，极大地方便了我们的工程版本管理。立创 EDA 的版本管理，并不是传统的把工程复制、粘贴及修改名称。接下来，我们一起来看一下立创 EDA 如何对工程进行版本管理。

如图 11－5 所示，在工程列表中，在你需要进行版本管理的工程名称上右击，在弹出的快捷菜单中选择“版本”→“新建版本”命令，在弹出的“创建新版本”对话框中输入

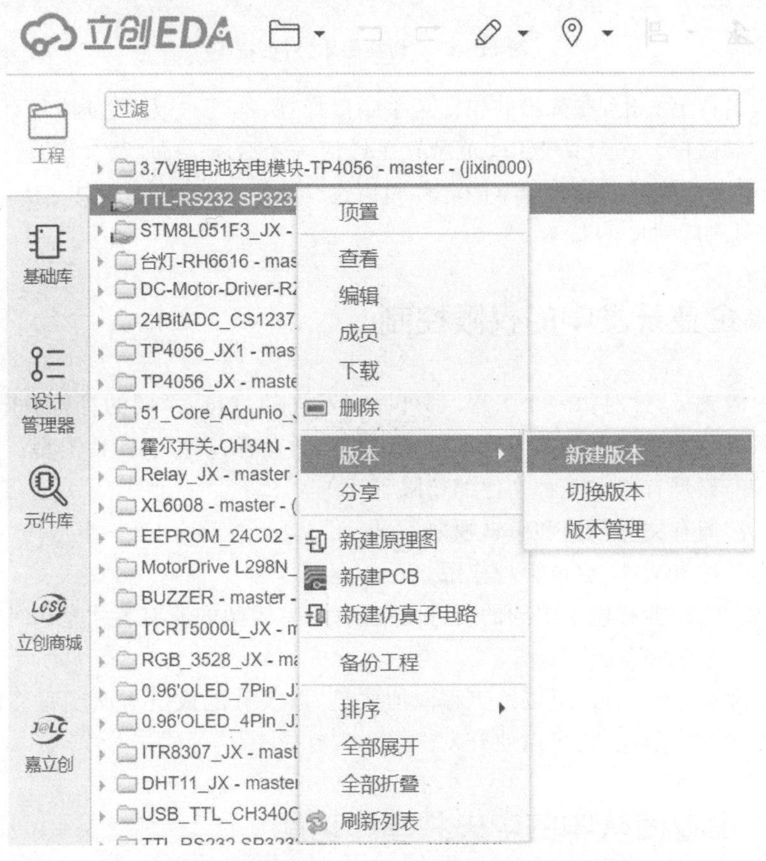


图 11－5　版本管理功能

名称和描述后，单击“创建”按钮，一个版本就做好了。如果之后再次修改了原理图、PCB 等文件，就可以用相同的方法再次创建一个新的版本。

如果想要切换版本，可以在工程名称上右击，然后在弹出的快捷菜单中选择“版本”→“切换版本”命令，会弹出“切换版本”对话框，如图 11－6 所示。选中你要切换的版本，然后单击“切换”按钮，就进入到对应版本的文件当中了。

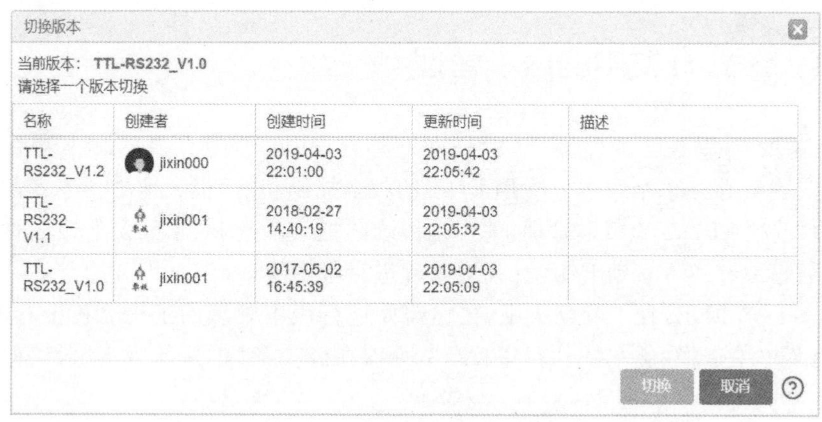


**图 11－6 “切换版本”对话框**

在工程名称上右击，在弹出的快捷菜单中选择“版本”→“版本管理”命令，就会打开“版本管理”对话框。在对话框中，光标放在任何一个版本上面，都会出现一个铅笔图标，单击铅笔图标就可以修改版本的名称和描述。除第一个版本外，其他版本还可以选择单击“X”号删除对应的版本。

## 11.3.2 企业开发中的权限控制

团队中的成员，针对每一个工程，都可以有不同的身份，不同的身份决定了不同的权限。团队成员的身份分为超级管理员、管理者、开发者、观察者四种类型。

“观察者”只具有查看工程文件的权限。

“开发者”拥有文件创建和编辑权限。

“管理者”拥有文件、成员管理权限。

“超级管理员”拥有以上提到的所有的权限，只有团队的所有者才是超级管理员，其他人只能是其他三种角色。

超级管理员和管理者，可以给工程添加成员，以及分配成员对该工程文件的角色。合理地给工程安排角色，就可以使开发变得非常有效率。

## 11.3.3 企业团队中的中央共享库功能

企业团队中，最好指定一名库维护工程师，专门负责库文件的维护。库版本的统

一，有利于团队协作开发产品。

传统 PCB 设计软件，隔一段时间就要专门花时间整理一下团队所有成员的库文件，非常耗时间。立创 EDA 就没有这个麻烦了，因为立创 EDA 的库是共享的，只要团队中有一个人画好一个库文件，其他人就可以直接开始使用了。

需要注意的是，团队共享库不要轻易修改，一定要由库维护工程师来修改，或者跟开发者商量着修改。在新建元件库以后，保存的时候，添加合适的“标签”名称，有利于库的管理，图 11－7 所示就是“技小新”团队的共享库文件。

图 11－7　技小新团队的共享库

技小新团队的共享库，所有立创 EDA 的用户都可以使用。如果你想使用技小新团队的共享库，你可以这样操作：在浏览器中输入 https://lceda.c/jixin，然后在“技小新团队”的图标下边单击“关注”；关注以后，打开你的元件库，选择库别为“关注”，就可以看到技小新团队的所有库文件了。图 11－8 所示为元件库中的“关注”库。

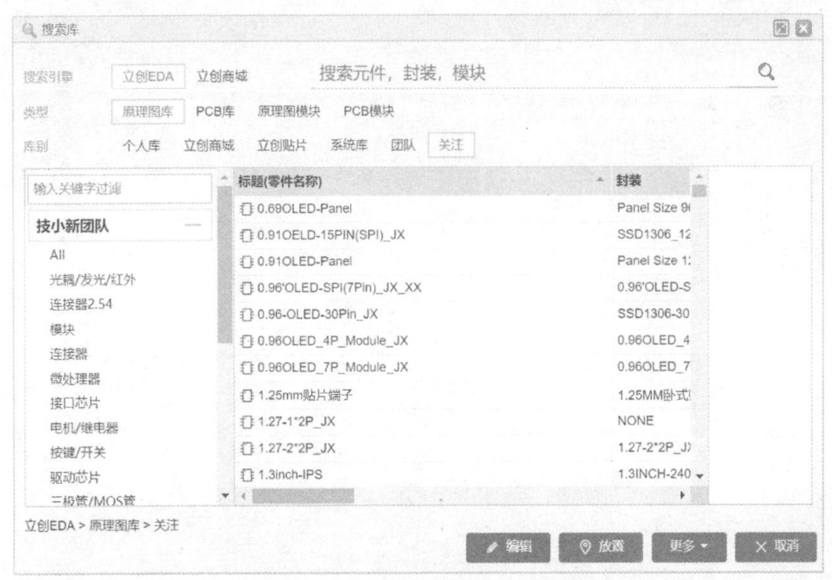


图 11－8　元件库中的“关注”库

### 11.3.4 企业私有化部署

鉴于部分企业对于文件安全性的考虑，可能需要用到团队协作功能。对于这部分客户，立创 EDA 提供了私有化部署的功能，可以帮助企业把立创 EDA 部署到企业内部局域网。有需要的企业直接联系官方工作人员即可，技术服务专员 QQ：800821856。